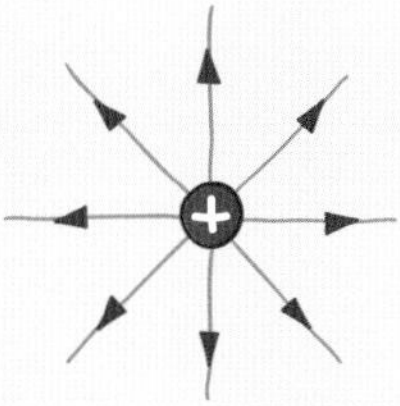

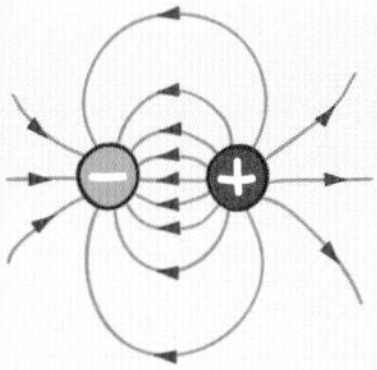

ファラデーのつくった世界！

ロウソクの科学が歴史を変えた

藤嶋 昭・落合 剛・濱田 健吾 著

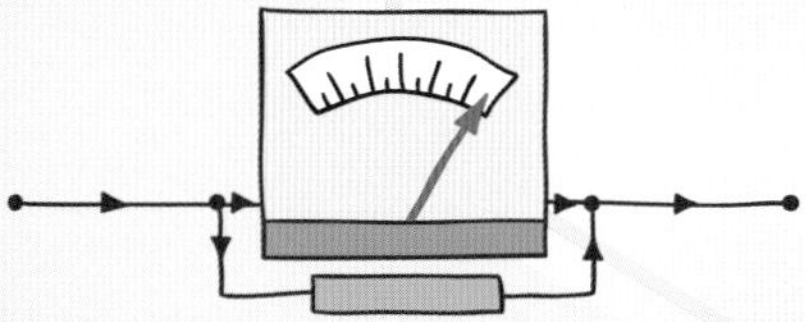

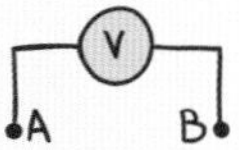

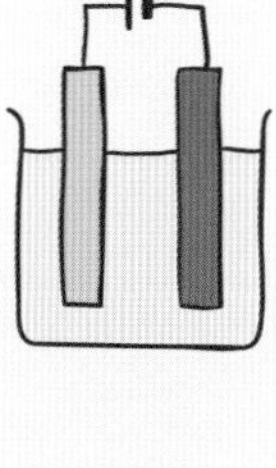

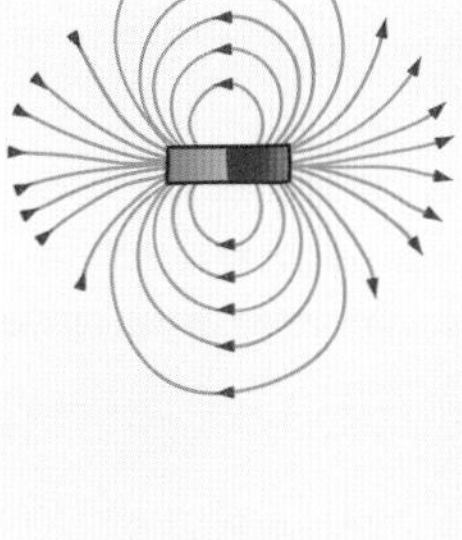

化学同人

カバー・表紙・扉人物画・パート1イラスト

小林周平

写真クレジット

p.22　実験室：AnaConvTrans CC BY SA 4.0、コイル：takomabibelot CC BY 2.0

p.64　ファラデーケージ：Giovanemello CC BY SA 3.0

p.78　ファラデー記念館：Images George Rex CC BY SA 2.0

撮影協力

地方独立行政法人神奈川県立産業技術総合研究所（KISTEC）、三宅崇源、川崎市立玉川小学校、宮本みどり

●ファラデーの講演会のようす（1855年のクリスマスレクチャー）

はじめに

名著『ロウソクの科学』は、科学者マイケル・ファラデーが、いろいろな化学反応や物理現象を、ロウソクの燃焼を題材にわかりやすく説明した講演がもとになっています。次の絵は、当時の講演会のようすを描いたものです。大勢いる聴衆の真ん中で説明している人物がファラデーです。子どもたちも、前の席で興味深く講演を聴いていますね。

ここで問題です。

次のページの写真は、さきほどの絵から１６９年後の現代、２０２４年の講演会のようすです。１６９年のあいだに、どこがどう変わりましたか？　絵に描かれていない部分や写真に写っていない部分も、考えてみてください。

いかがでしょうか？　たくさんのちがいがありましたね。
いくつか、次にまとめてみました。

・明かりが、**電気を使った照明**になった
・**マイク**と**スピーカー**を使って、遠くまで声が届くようになった

●現代の講演会のようす

・**パソコン**や**プロジェクタ**を使って、大きな画像を**スクリーン**に映しだせるようになった
・**エアコン**を使って、講演会場が快適な環境になった
・**インターネット**やYouTubeなどを使って、いつでもどこでも講演を聴けるようになった

169年のあいだに、いろいろなものが発明されて、世の中がどんどん便利になっていったことがわかります。太字で示した道具は、それぞれ、いつ、だれが発明したのでしょうか?

・**電気を使った照明**：1879年（白熱電球：エジソン）
1962年（赤色LED：ホロニアック）
・**マイク**：1878年ごろ（カーボンマイク：ヒューズ）
・**スピーカー**：1925年（ダイナミックスピーカー：ケロッグとライス）
・**パソコン**：1949年（ノイマン型コンピュータEDSAC：ノイマン）
・**プロジェクタ**：1943年（ライトバルブ方式プロジェクタEidophor：フィッシャー）
・**スクリーン**：1926年（ポリ塩化ビニルの工業化：BFグッドリッチ社）
・**エアコン**：1902年（最初の電気式エア・コンディショナー：キャリア）

・インターネット：

1876年（電話：ベル　※1880年には電話線で80キロメートル離れた場所と通話）

1886年（電波送受信装置ヘルツアンテナ・ダイポールアンテナ：ヘルツ）

1894年（無線通信：マルコーニ）

1969年（ARPANET：アメリカ国防総省　※電話線でコンピュータ4台を接続）

そのほか、たくさんの人が開発と発展にかかわっています。詳しくは「インターネットの殿堂」を参照。（https://www.internethalloffame.org/）

実は、これらの道具は、**すべて、さきほど紹介したファラデーの発見がもとになってつくられています**。くわしくは、**パート2**で説明します。もしも、ファラデーがいなかったら、現代社会や私たちの生活は、まったくちがったものになっていたかもしれませんね。

この本を読むと、ファラデーの偉大さや、科学へのひたむきな思いがよくわかるはずです。みなさんも、ファラデーのように、科学を学び、楽しみ、伝えていってほしいと思います。

２０２４年　春

著者を代表して　藤嶋　昭

ファラデーのつくった世界！　目次

PART 2

ファラデーとその発明・発見：現代にどう影響しているか

PART 3

ファラデーと彼(かれ)をとりまく科学者たち

PART 4

実験「ロウソクの科学」の感動を再現する

『ファラデーのつくった世界！』の読み方

◆本書は4つのパートにわけて、さまざまな角度からファラデーを紹介しています

PART 1 ファラデーってどんな人？

ファラデーのおいたちや科学者としての活動、ファラデーの日誌や論文についての考え方をまとめました。

PART 2 ファラデーとその発明・発見：現代にどう影響しているか

ファラデーの発見や発明が後世にどのような波及効果をもたらしているかを紹介しました。

PART 3 ファラデーと彼をとりまく科学者たち

ファラデーのいた時代に活躍していた科学者たちが登場します。ファラデーと彼らがどのようにかかわっていたかも一目瞭然です。

PART 4 実験「ロウソクの科学」の感動を再現する

ファラデーのおこなったクリスマスレクチャー『ロウソクの科学』について、講演で語ったこと、演示実験で示したこと、後世の人びとに伝えたかったことをまとめました。

◆ファラデーがおこなった実験、関連する実験を紹介しています

パート2では、ファラデーが発見した基本原理を再現する実験を中心に、コラムとしてまとめました。またパート4では、クリスマスレクチャー『ロウソクの科学』でおこなった演示実験の流れを写真で紹介しています。

著者らが実際におこなった実験を動画にしました。本書に掲載されている二次元コードは、本文中に示した実験の動画にアクセスするものです。パソコンでゆっくり観たいかたは、以下でご覧ください。

実験動画URL（YouTubeへのリンクがまとめてあります）
https://www.kagakudojin.co.jp/book/b632970.html

◆巻末には、もっと知りたい人のために役立つ資料をまとめました

- **ファラデー年譜**：ファラデーの誕生から晩年まで、年ごとに簡単にまとめました。
- **講演リスト**：主要な講演名と参加者数を示しました。ファラデー自身の研究と関連したテーマでの金曜講演、ファラデーが世話をした講演会（1834年～1836年の分）を紹介しています。
- **用語解説**：本書を読み進めるうえでの理解を助けるために、少し難しい学術用語などについて、解説しました。
- **参考文献**：本書を製作するために参考にした書籍、さらにくわしく読みたい人のための書籍をまとめました。

PART
1

ファラデーってどんな人？

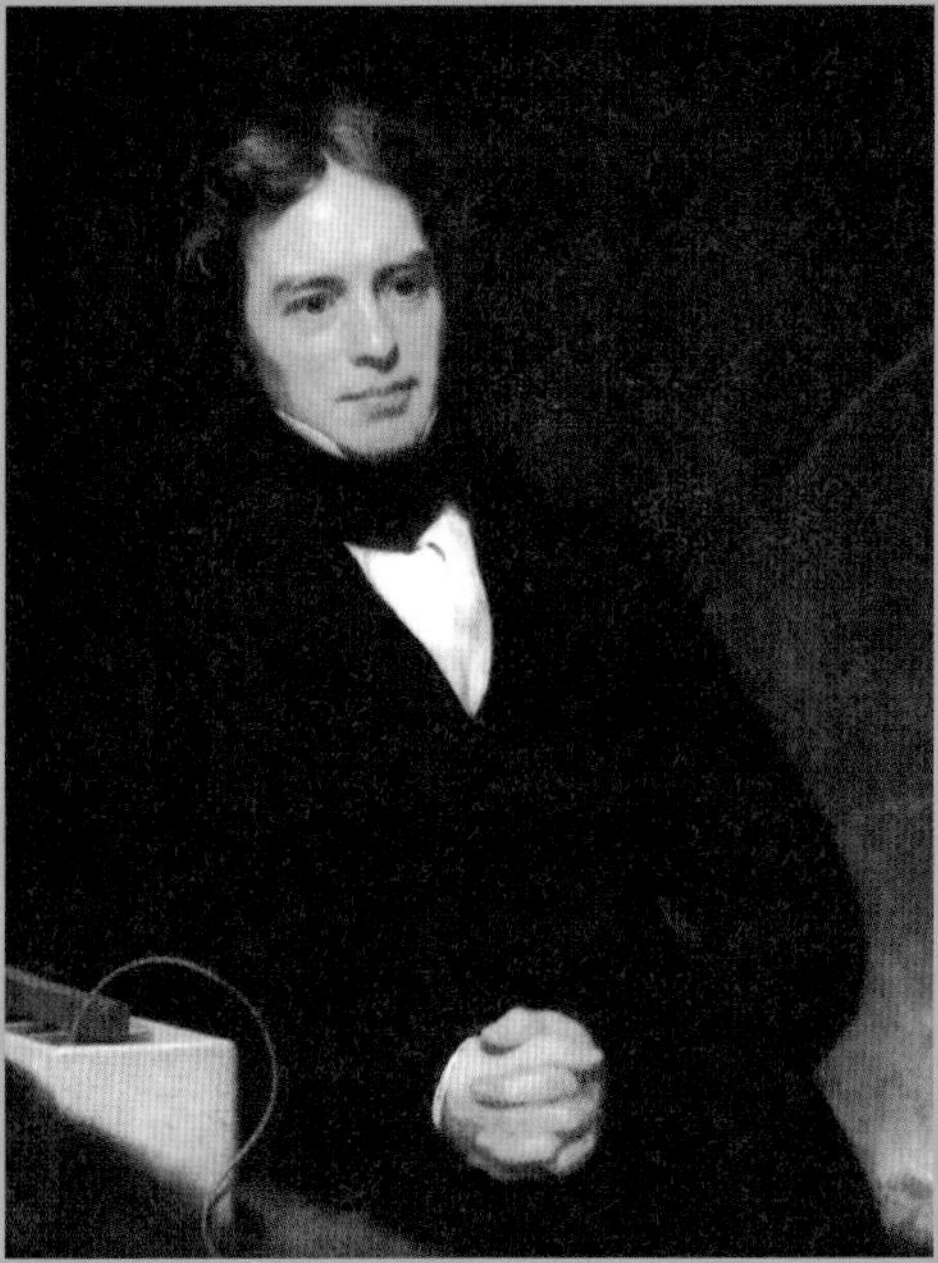

貧しい幼少時代と年季奉公（ぼうこう）

ファラデーは、ロンドン郊外（こうがい）の貧しい鍛冶（かじ）屋の次男として1791年9月22日に生まれました。この年はモーツァルトが亡くなった年であり、ガルヴァーニがカエルの実験をした年でもあります。ファラデーの兄妹には、一番上に姉エリザベス、次に兄ロバート、妹マーガレットがいました。ファラデーとの関係性について、鍛冶職人になるために年季奉公（ぼうこう）に出ていた兄ロバートとの話は伝記などにありますが、姉と妹については詳しい話は残されていません。また、ファラデーのお父さんは、馬ていなどをつくる鍛冶職人でしたが、病気がちであまり仕事ができず、そのため家庭は裕福（ゆうふく）ではありませんでした。実際に1801年には生活保護の申し立てもしています。

ファラデーが5歳（さい）のころには、家族でロンドン市内に引っ越（こ）し、近くの学校や教会で基本的な読み書きなどを学んだとされています。当時のイギリスには、現代のようにだれもが学ぶことができる十分な教育制度はありませんでした。きちんとした高等教育を受けられるのは、一部の上流階級の人びとで、ファラデー一家のような裕福でない家庭の子どもたちは高等教育を受けられませんでした。この時代の科学者たちの生い立ちを調べても、多くは上流階級の出身です。そのため、貧しい家庭で育ったファラデーが後世まで語りつがれる大科学者になったのは異例でしょう。

当時のイギリスでは、特定の職業は一定期間、徒弟奉公として働き、技術を習得しなければなれないという法律がありました。これが貧しい家庭の子どもたちにとってはとても重要な制度となります。年季奉公では、住み込みで働きながら、親方の技術を教えてもらうことができます。また年季奉公が明けると、晴れて職人として働くことができますし、のれん分けしてもらい自分の店をもてる可能性すらありました。そのため、ファラデーのような教育を受けられない貧しい家庭の子どもたちにとって、年季奉公は将来のために成長する貴重な機会だっ

たのです。
　ファラデーは14歳で年季奉公に出ます。奉公先は、ブランドフォード街で書店や製本業を営んでいたフランス人のジョージ・リボーという人のところ。当時、年季奉公を契約するときには、子どもの親が奉公先の親方へ契約金を支払うのが普通でしたが、まれに支払いを免除してくれる優しい親方もいました。リボーもその優しい親方のひとりでした。実は、ファラデーはリボーの店で13歳のころから新聞の配達や本の貸しだしなどのアルバイトをしていました。真面目に仕事をして、リボーからも信頼されていたようです。また、とくにリボーの奥さんが親切にしてくれました。このことは、ハリー・スーチンによる伝記『ファラデーの生涯』（小出昭一郎、田村保子訳、東京図書株式会社、一九九二）にも書かれています。

科学への志と転機

ファラデーはリボーの店で製本業の腕をあげていきました。一方で、好奇心旺盛なファラデーは、まわりにあるたくさんの本に興味をもちます。寛大なリボーはファラデーが商品である本を休み時間に読むことも許しました。そのため、ファラデーはさまざまな本を読む機会に恵まれました。とくに『ブリタニカ百科事典』の電気の項目を熱心に読んでいたようです。ファラデーは7年の年季奉公で多くの科学書を読み、独学で科学の知識を吸収しました。貧しく教育環境に恵まれなかったファラデーにとって、リボーの店は最高の環境であったにちがいありません。このように、年季奉公はファラデーが科学者になる最初のきっかけとなりました。

科学に関心をもったファラデーは、すでに独立していた兄ロバートにお金をだしてもらい、数回ジョン・テイタムの講義に参加しました。そこでは、実験も見ることができたそうです。さらにファラデーは、まもなく年季奉公が明ける1812年に、リボーの店のお客さんであるウィリアム・ダンスから王立協会の公開講座のチケットをもらいます。ファラデーは、その当時人気のあった科学者ハンフリー・デーヴィーのすばらしい講義を熱心に聴き、メモをつくって講義録として製本しました。

21歳でリボー家での年季奉公が終了したファラデーは、やはりフランス系のド・ラ・ロッシュの店での製本工として働き始めました。しかし、ロッシュはリボーとちがって気難しい人だったようです。また、デーヴィーの講演を聴いたファラデーは、研究者になりたいという希望を強くもつようになっていきます。しかし、製本屋のいち見習いが科学者になる方法などありません。考えぬいたファラデーは、当時王立協会のトップだったジョゼフ・バンクス卿に手紙（直訴）をだします。バンクス卿に面会して、王立協会での職を得ることができるかどうかの可能性を聞いてみようと考えたのです。本の配達をしていたファラデーはロンドンの地理

にとてもくわしく、すぐにバンクス卿あての手紙を彼の屋敷の門番に預けました。1週間経っても返事がないので、再度訪ねて門番に聞いてみると、だした手紙の表面には「返答の要なし」と書かれており、ショックを受けます。製本屋の21歳の若者が超大物の王立協会の会長に直接お願いをするというのは常識外れのことであり、当然の結果だったのかもしれません。また、それほどまでにファラデーは科学者への道を熱望していたともいえます。

その後、ファラデーはリボー家の人たちやダンスからの助言もあり、デーヴィーに頼むことにしました。そのとき、立派に製本しておいたデーヴィーの講演録をつけて手紙を出したところ、しばらくしてデーヴィーから返事があり、面談ののち実験助手に採用されました。

ヨーロッパ大陸への旅

王立研究所でデーヴィーの実験助手になって半年しか経っていない１８１３年10月、師デーヴィーのお供で１年半におよぶヨーロッパ旅行へ同行することになりました。気位の高いデーヴィー夫人もいっしょで、たいへんな思いをすることもありましたが、各地で有名な研究者と知り合いになり、その後も交流をもつことになります。

最初の訪問地パリでは、デーヴィーと競争関係にあったゲイ=リュサックの講義を聴講し、また数学者として注目され始めていたアンペールとも知り合いました。このとき、アンペールは当時まだ組成が明らかでなかった黒色試料をもってきて、組成を調べてほしいとデーヴィーに依頼しています。デーヴィーはパリ滞在中にこの物質を研究し、結果的に、塩素とよく似た新元素であると報告しています。

デーヴィーがヨーロッパ旅行をする決意をしたのは、時のヨーロッパの支配者ナポレオンから特別な通行手形、つまりパスポートをもらったことによります。ファラデー自身パリで元老院に向かう馬車に乗ったナポレオンを一度だけ目撃しています。

２か月間パリに滞在し、馬車で苦労しながらアルプスを越えてイタリアに入りました。デーヴィーは１８１４年２月フィレンツェで有名なダイヤモンドを燃やす実験をしています。酸素を封入したガラス容器にダイヤモンドを入れ、大きなレンズで太陽光を照射すると、約30分後にダイヤモンドが輝きながら燃えました。ガラス容器内の気体を分析すると、酸素と炭素だけをふくむ気体であることがわかり、ダイヤモンドが炭素からできたものであると証明されました。

次に滞在したミラノでは１８００年に電池を発明していたアレッサンドロ・ボルタが訪ねてきています。１８０６年、１８０７年に多数のボルタ電池を使った溶融塩電解で、カリウムやナトリウムなど６種の元素を発見していたデーヴィーにとって、ボルタの来訪は特別な感慨を

もったことでしょう。ファラデーにとっても、モーターの原理、電磁誘導の発見にもっとも重要な働きをしたのがボルタ電池なので、このときの会見は特別な思い出となりました。

1814年の夏はスイスのジュネーブで過ごし、のちに大有機化学者になる14歳の若きデュマと出会い、一生の友情がスタートしました。

このヨーロッパ旅行では4度もアルプス山岳地帯を越えていますし、道もガタガタで穴だらけだったと考えられます。そこを小さな馬車で進むのですから、さぞたいへんだったでしょう。このあたりはスーチンの伝記にややくわしく書かれています。

1815年4月23日に帰国したヨーロッパでの武者修行は、ファラデーにとって多くを得た貴重な経験となりました。

王立研究所における初期の公開講座

◆王立研究所の建物（1838年ごろ）

王立研究所の公開講座は１８００年に始まりました。一般向けの夜の講演と午前の講義が計画され、一般向け講演と科学コースは初代教授トーマス・ガーネットが演者として始まりました。しかし、かなり多くのコースをつくったため問題もあり、２年間で終わってしまいます。その後、１８０１年に教授となったデーヴィーは一般向け演示実験つきの講演をして好評を得ます。ときには１０００人近い聴衆がつめかけ、とくに女性に人気だったようです。助手として下積み中のファラデーは講座を手伝いました。また、外部の講師が担当したこともあったようです。たとえばジョン・ドルトンは１８０３年に６週間滞在して20回も講演をしています。

ファラデー自身も巻末に示すように、多くの講演をおこないました。とくに自身の経験から、講演のときの考慮すべきポイントをまとめていて、それは今でも参考になります。

◆トーマス・ガーネットによる公開講座のようす

被験者の鼻をつまんでいるのがガーネット、ふいごをもつデーヴィー、右端でそれを見守るベンジャミン・トンプソンが見える。ジェームズ・ギルレイによる絵画（1802年）。

”講演者は気楽で、落ち着いたようすで、明快に、意のままに、主題を考慮しながら話すべきである。しかも、ゆっくりと上手に、自然に姿勢を変えながら話すようにすべきである。とくに聴衆の心と注意をつかむための最大の努力をすべきだ。もっとも大事なことのひとつが1時間という時間を守ることだ。これ以上長い時間では聴衆は疲(つか)れてしまい、集中して聴いてくれない。“

金曜講演

◆ファラデーによる金曜講演

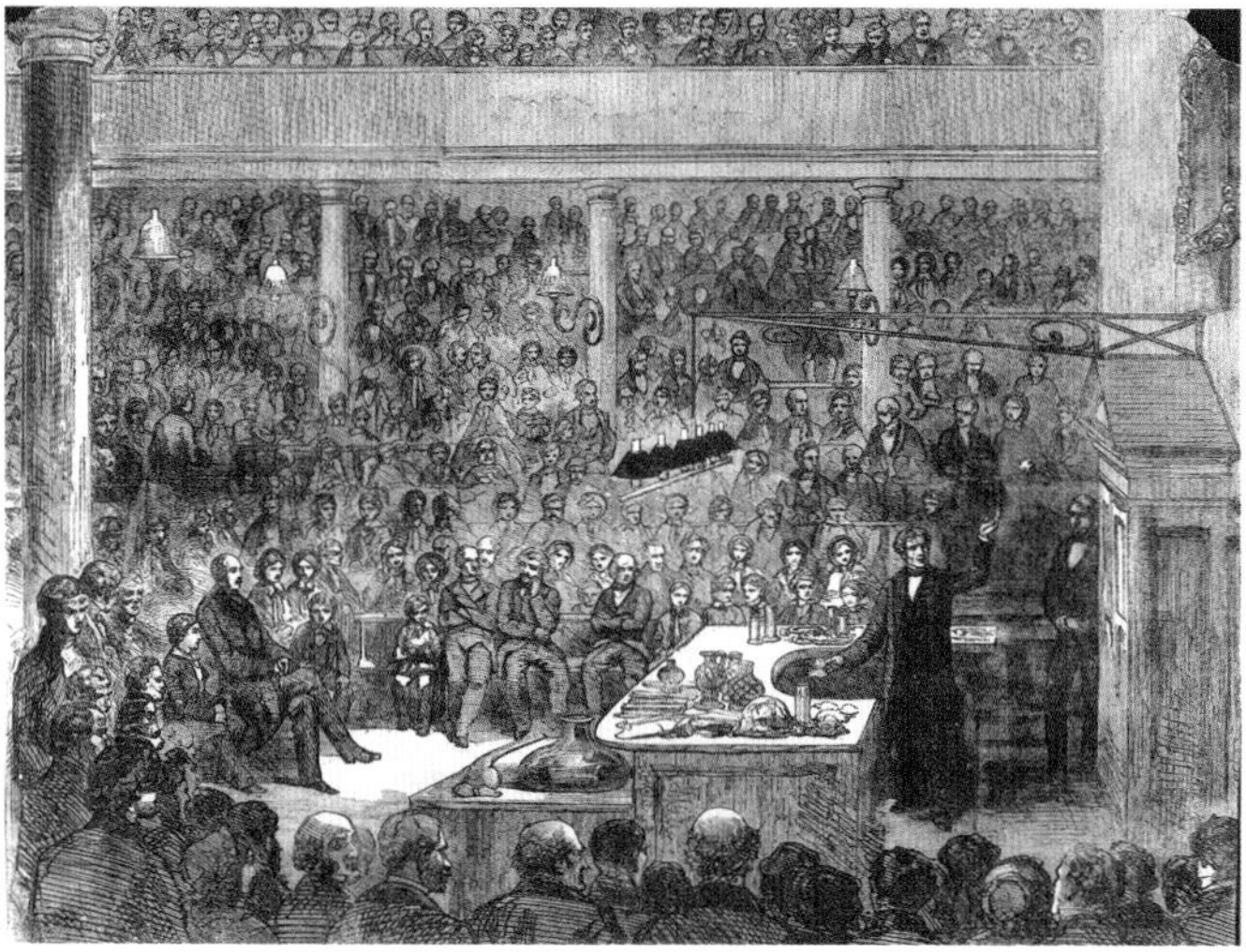

アレクサンダー・ブレイクリーによる絵画（1856年）。

1825年に「金曜講演」として、毎週金曜日の午後8時30分から1時間の講演が始まりました。ファラデーによって創設された金曜講演は、次に紹介するクリスマスレクチャーとは対照的に、成人向けでした。当時、著名な科学者による実験演目つきの講演は、学びを超えひとつのエンターテインメントとして楽しまれていたようです。ファラデー自身の金曜講演は、正式にスタートする前の1824年の講義をふくめて74回にものぼります。ほかの講義が26コース、クリスマスレクチャーは19シリーズ（1シリーズ6回の講話）です。

ファラデーが担当した講座の聴衆は平均で721人といいますから、たいへんな人気でした。講演内容は自分の研究に関することはもちろんですが、電気の絶縁と伝導、地球やほかの惑星の大気、シビレエイなど、多岐にわたります。巻末の表にはおもな講演テーマと参加者数をまとめました。

ファラデーが創設した由緒ある金曜講演は、

現在でも引き継がれ、200年近い歴史で講演した人は2000人を超えるそうです。伝統ある金曜講演では、現在でも聴衆は正装で、男性は黒のイブニングコート、女性は明るいドレスというドレスコードがあるそうです。

ここでひとつ、おもしろいエピソードを紹介しましょう。1846年、ロンドン大学教授で友人のホイートストンに講演を依頼したときのこと。講演会場へ同行したまではよいのですが、内気なホイートストンは会場の入口で、講演の直前に逃げだしてしまったのです。結局、急きょファラデーが代役として、当時考えていた研究テーマについて準備のないまま講演をしました。のちにマクスウェルが証明する電磁波の存在について、ファラデーは予想を展開したそうです。この1件以来、金曜講座では講演者が逃げださないよう開始直前まで控室にカギをかけるようになりました。

クリスマスレクチャー

◆ファラデーの講演会のようす（1855年のクリスマスレクチャー）

アレクサンダー・ブレイクリーによる絵画（1855年）。

書籍化されたクリスマスレクチャー

子どものためのクリスマスレクチャーも、ファラデーが1826年に始めたものです。クリスマスレクチャーは金曜講演とはちがって6回連続で、クリスマス休暇をふくむ12月下旬から2月までおこなわれました。ファラデー自身は『ロウソクの科学』をふくめクリスマスレクチャーを19回おこないました。その内容は『ロウソクの科学』として、その前年の1859年におこなわれた『力と物質』とともに出版されました。『力と物質』も『ロウソクの科学』と同じようにクルックスがまとめたもので、日本語訳も出版されています。

『ロウソクの科学』では6回の講演中に合計で88回の演示実験がおこなわれましたが、『力と物質』では、もっと多く103回も演示実験をしたそうです。これら演示実験ではおもにアンダーソン（1790〜1866年）が準備をしています。簡単にアンダーソンを紹介しま

しょう。

彼はファラデーよりも1歳年上ですが、亡くなったのはファラデーより1年あとです。助手としての忠実な仕事ぶりには驚きます。ファラデーにいわれたことをいかに守っていたかは、次のようなエピソードがあります。あるとき、燃焼炉に火をつけておくよういわれたアンダーソンは、ファラデーが今日はこれまで、といい忘れてしまったところ、翌朝まで炉の前で番をしていたそうです。

兵役で軍曹まで務めたのち、ファラデーのもとで１８２７年からファラデーが亡くなる１８６５年まで助手を務めました。講演準備はもちろん、講演中も「ゆっくり」とか「大きな声で」といったプラカードをファラデーに示していたそうです。もちろん、これもファラデーが前もって準備してあった命令にしたがい、忠実に実行したのでしょうが。

◆デュワーによるクリスマスレクチャー「液体水素」

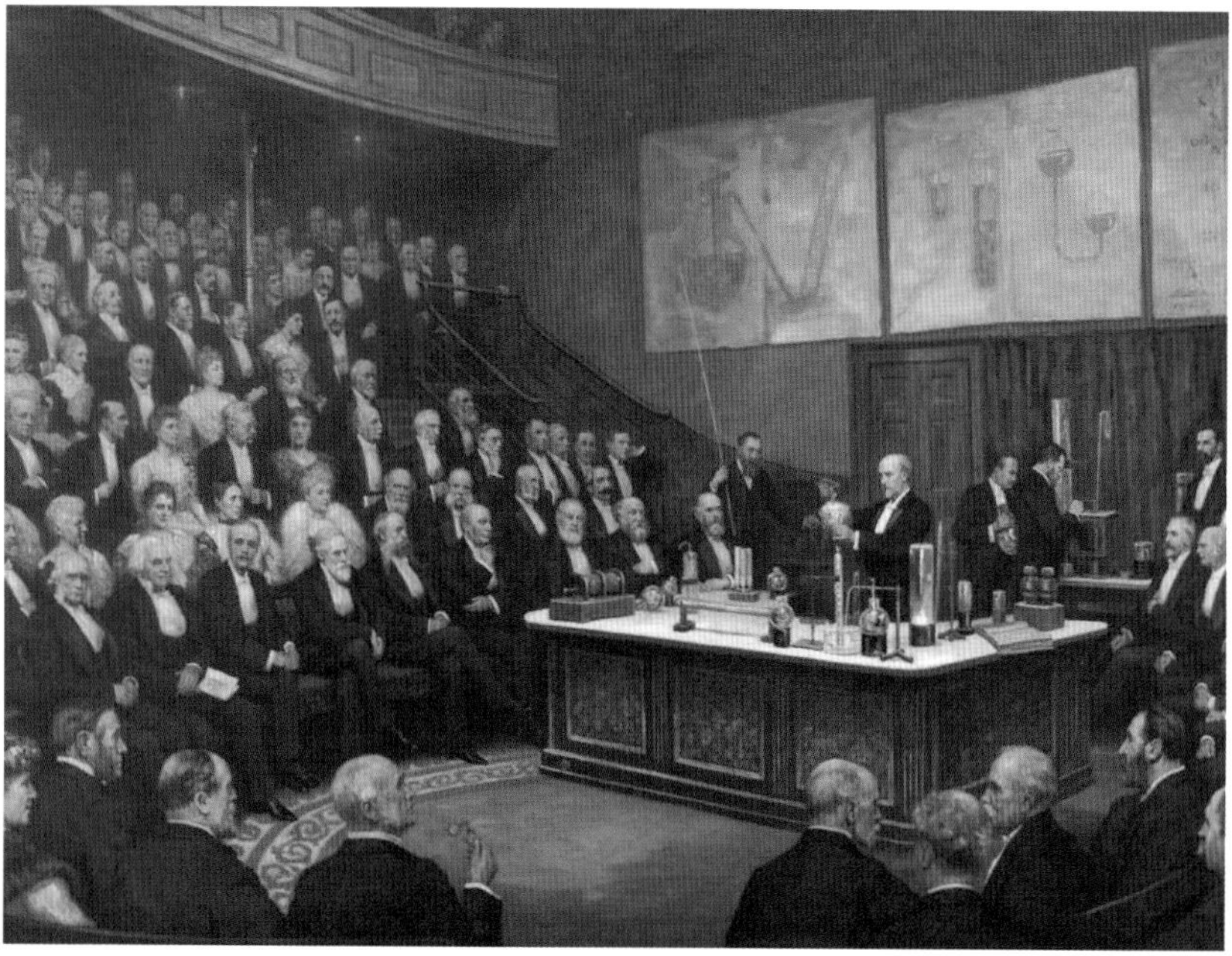

デュワーはファラデーのよき後継者となった。ヘンリー・ブルックスによる絵画（1904年）。

現在のクリスマスレクチャー

　クリスマスレクチャーはファラデーのあとにも、すばらしい演者が続いています。たとえば、やはり王立研究所の化学教授として研究所に住んでいたジェイムズ・デュワーの講演も好評でした。中断されたのは第二次世界大戦中の１９３９年～１９４２年のあいだだけ。20世紀に入ってからは、X線結晶で著名なローレンス・ブラッグの講演がたくさんの若い人びとを魅了しました。また、イギリスでは１９３６年からテレビ放送も始まり、より多くの人がクリスマスレクチャーに参加できるようになっています。

　最近では、クリスマスレクチャーはロンドンの王立研究所以外のところでも実施されています。日本では、１９９０年から毎年夏に前年の講演者を招待してクリスマスレクチャーを再現するイベント「英国王立研究所 科学実験講座」が開催されています。

◆ダイヤモンドが大きな炎をあげて燃えるようす

東京理科大学葛飾キャンパスでおこなわれたクリスマスレクチャーでのひとコマ。

２０１３年８月14日にも東京理科大学葛飾キャンパスの図書館ホールで、小学生や中学生約１５０名が参加してクリスマスレクチャーが開催されました（第24回英国科学実験講座　クリスマスレクチャー２０１３）。講師はイギリスからわざわざ来られた、ケンブリッジ大学のピーター・ウォザーズ博士です。

　このときのおもな実験内容は、「燃える」をテーマに1番軽い元素である水素を燃やす実験と、ファラデーが若いときに師デーヴィーに同行し、イタリアのフィレンツェで師がおこなったダイヤモンドを燃やす実験でした。ダイヤモンドが大きな炎を上げて燃える場面では、聴衆一同が驚きの声をあげました。筆者の一人（藤嶋）はこのとき東京理科大学の学長だったので、ウォザーズ博士の実験助手を務めました。

ファラデーと論文

"論文"とは、自分の研究内容をまとめたもので、主張や証明を実験データなどの客観的な根拠をもとに論理的に書き記した文章です。そのため、エッセーなどの文学的文章とは性質が異なります。また、一般的に論文の公開までには、"査読"というプロセスがあり、複数人の厳正な審査、承認を経て論文は出版されることになっています。そのため、論文はそのほかの文書よりも一定の信頼性があり、科学者は先行研究を学ぶ手段として、また自身の研究成果を発表する手段として、"論文"を利用します。塩素の液化や電気分解の法則、電磁誘導の発見など、多岐にわたる功績を残したファラデーもほかの科学者と同様に論文から学び、そして論文を発表することで研究成果を後世に残しました。

ファラデーはその生涯で約500編もの論文を発表したとされています。現在、ファラデーの論文の一部はインターネット上で見ることができます（二次元コードを参照）。図には

◆ファラデーの執筆した論文の数かず*

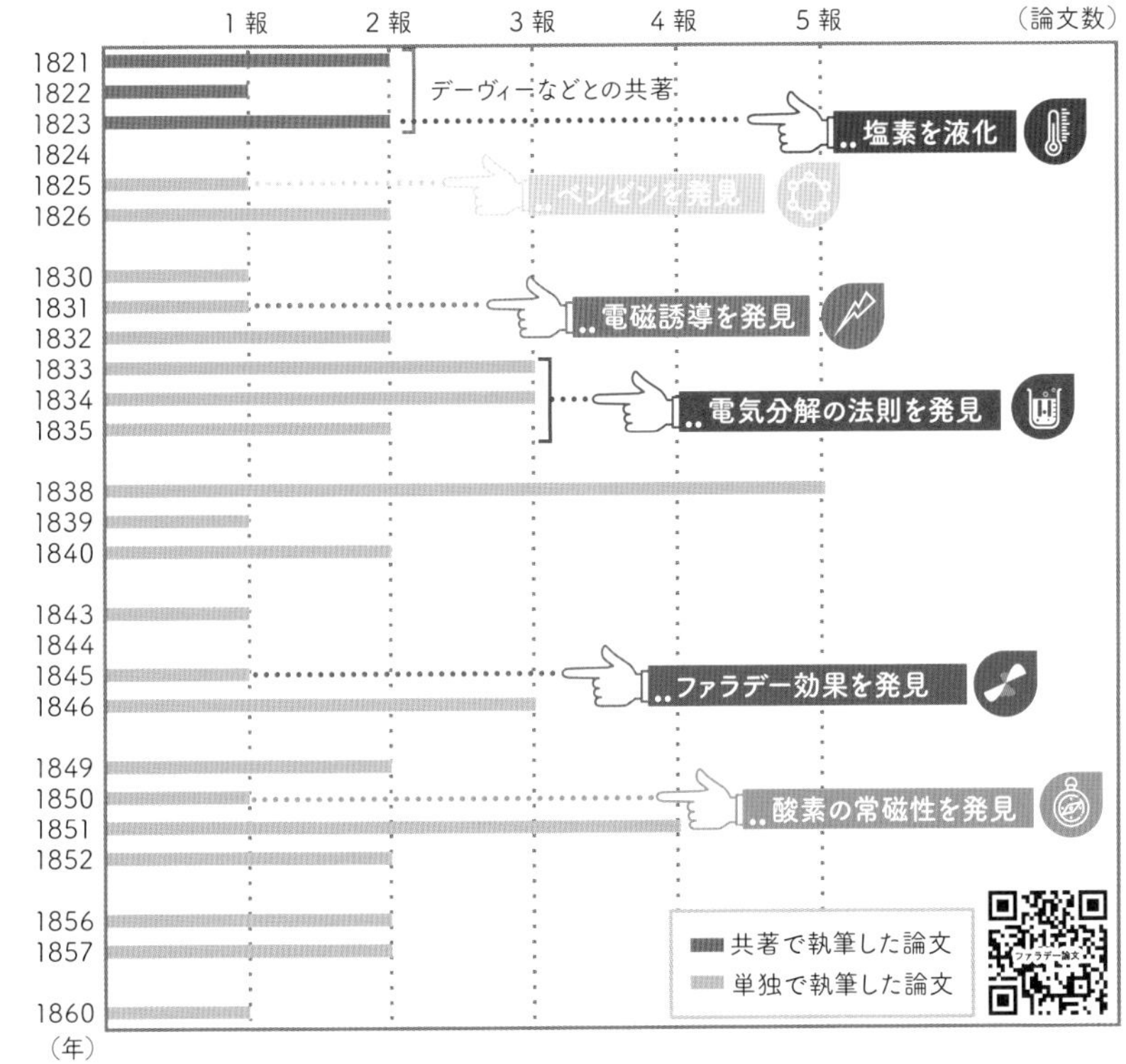

年代別の論文数をまとめました。彼が研究活動を始めた1820年代初めには上司にあたるデーヴィーと共著で論文を発表していますが、その後は単独で論文を発表しています。図に示したのは彼の論文の一部ですが、少なくとも電磁誘導の発見といった彼の主要な論文は単独で発表されています。ファラデーは頼まれても弟子を取らず、研究は助手であるアンダーソンを雇(やと)っただけの単独研究でした。

では、ファラデーは孤独(こどく)な研究者だったのでしょうか？　実際には、ファラデーは論文や手紙などを通して多くの国内外の研究者と交流がありました。また、王立研究所の化学教授になったあとは、炭鉱での爆発(ばくはつ)事故の調査や環境(かんきょう)調査など、外部からの依頼（政府や民間企業(きぎょう)など）に対応したり、公開講座などの教育分野にも精力的に貢献(こうけん)しました。

＊上図のアイコンと色分けはパート2に対応している。

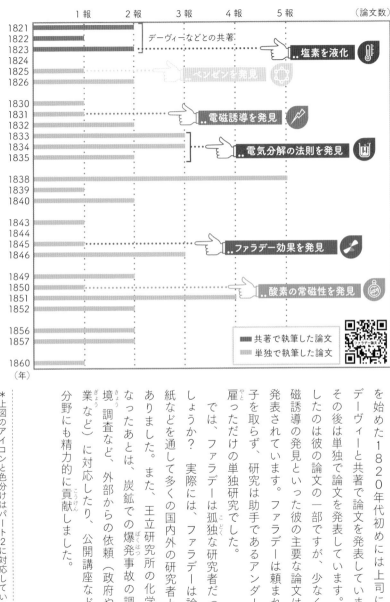

ファラデーの日誌
一流の実験ノート

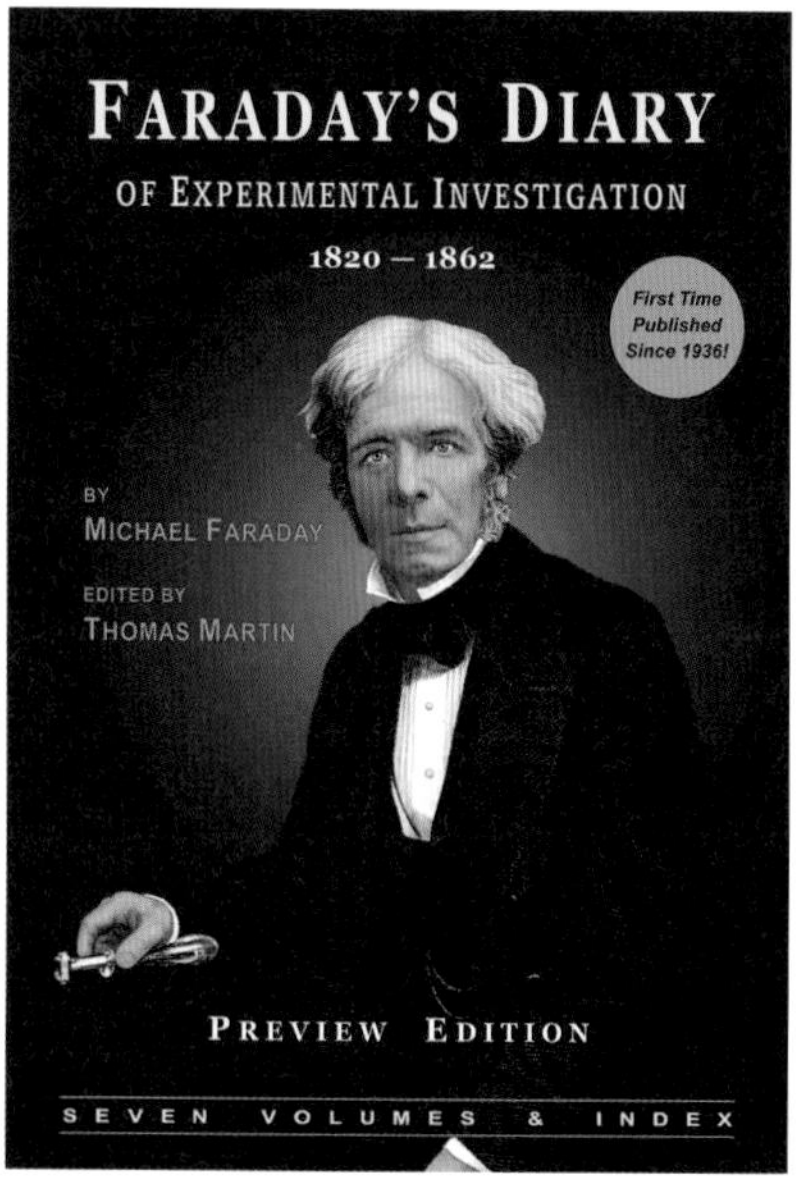

Scientific Books Collection
by Michael Faraday
←ここからダウンロードできる。

ファラデーの研究活動を俯瞰するうえで欠かせないものにファラデーの日誌があります。ファラデーは1820年から1862年の42年間にわたり、手書きの実験ノートを残しています。ファラデーの日誌の原文はファラデー自身が製本し、生前、王立研究所に寄贈しました（製本所で年季奉公したファラデーだからできることです）。現在は活字で印刷され、全7巻の書籍として出版されており、上の二次元コードからも読めますし、ダウンロードもできます。

一般的に実験ノートには、日々の実験について方法や結果などを記録として残しますが、ファラデーのノートはひと味ちがいます。彼は、研究に関して実験方法や結果以外にも、たとえば結果に対する考察や次の実験の計画、結果の予想、先行研究などの報告についても書きこんでいます。また、それぞれの段落は短文をまとめ、通し番号をつけていました。番号をつけることでデータが整理され、表やグラフを作

◆電磁誘導を発見したときの『ファラデーの日誌』

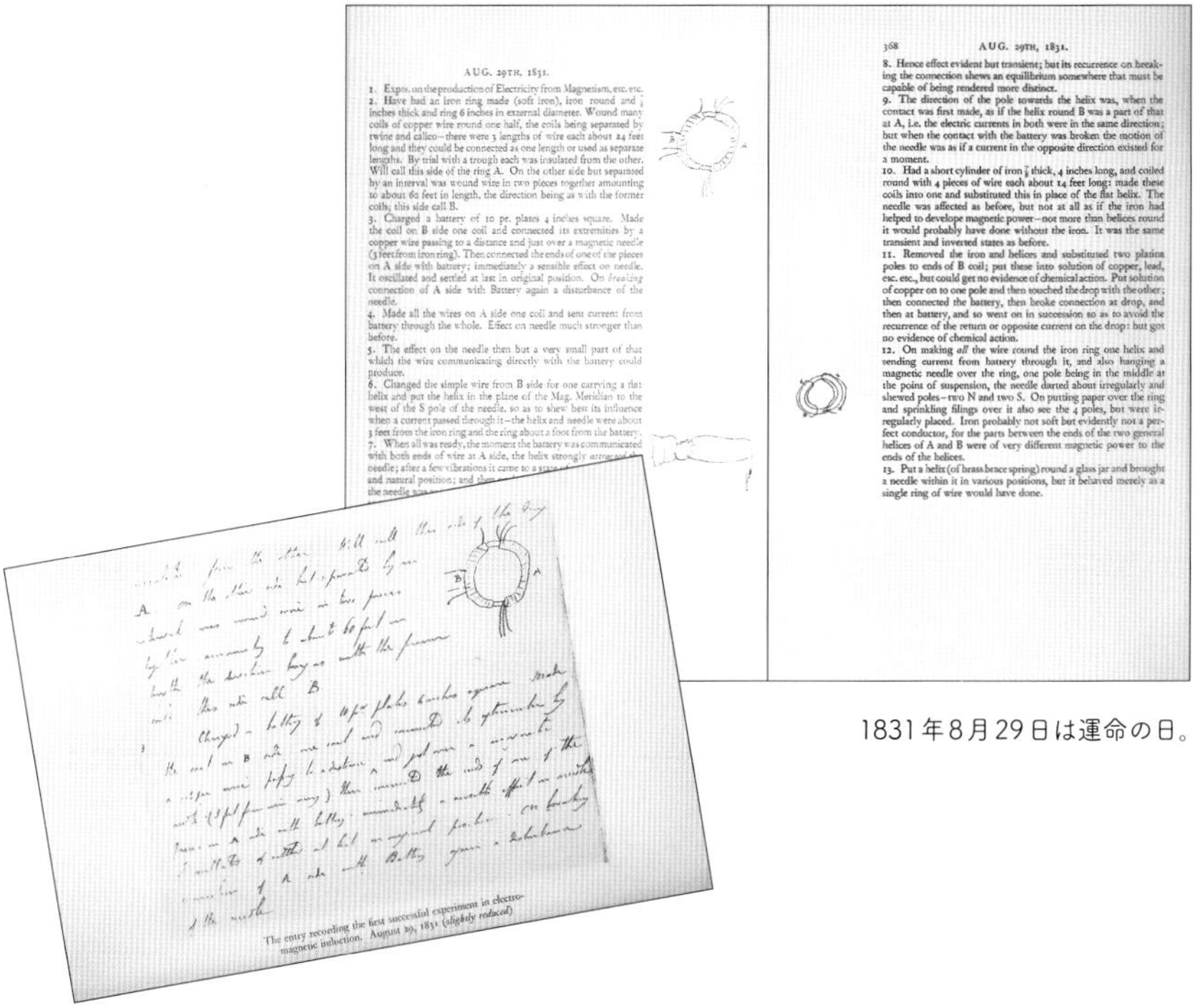

AUG. 29TH, 1831.

1. Expts. on the production of Electricity from Magnetism, etc. etc.
2. Have had an iron ring made (soft iron), iron round and 7/8 inches thick and ring 6 inches in external diameter. Wound many coils of copper wire round one half, the coils being separated by twine and calico—there were 3 lengths of wire each about 24 feet long and they could be connected as one length or used as separate lengths. By trial with a trough each was insulated from the other. Will call this side of the ring A. On the other side but separated by an interval was wound wire in two pieces together amounting to about 60 feet in length, the direction being as with the former coils; this side call B.
3. Charged a battery of 10 pr. plates 4 inches square. Made the coil on B side one coil and connected its extremities by a copper wire passing to a distance and just over a magnetic needle (3 feet from iron ring). Then connected the ends of one of the pieces on A side with battery; immediately a sensible effect on needle. It oscillated and settled at last in original position. On *breaking* connection of A side with Battery again a disturbance of the needle.
4. Made all the wires on A side one coil and sent current from battery through the whole. Effect on needle much stronger than before.
5. The effect on the needle then but a very small part of that which the wire communicating directly with the battery could produce.
6. Changed the simple wire from B side for one carrying a flat helix and put the helix in the plane of the Mag. Meridian to the west of the S pole of the needle, so as to shew best its influence when a current passed through it—the helix and needle were about 3 feet from the iron ring and the ring about a foot from the battery.
7. When all was ready, the moment the battery was communicated with both ends of wire at A side, the helix strongly *attracted* the needle; after a few vibrations it came to a state of … and natural position; and then … the needle was …

368 AUG. 29TH, 1831.

8. Hence effect evident but transient; but its recurrence on breaking the connection shews an equilibrium somewhere that must be capable of being rendered more distinct.
9. The direction of the pole towards the helix was, when the contact was first made, as if the helix round B was a part of that at A, i.e. the electric currents in both were in the same direction; but when the contact with the battery was broken the motion of the needle was as if a current in the opposite direction existed for a moment.
10. Had a short cylinder of iron 7/8 thick, 4 inches long, and coiled round with 4 pieces of wire each about 14 feet long: made these coils into one and substituted this in place of the flat helix. The needle was affected as before, but not at all as if the iron had helped to develope magnetic power—not more than helices round it would probably have done without the iron. It was the same transient and inverted states as before.
11. Removed the iron and helices and substituted two platina poles to ends of B coil; put these into solution of copper, lead, etc. etc., but could get no evidence of chemical action. Put solution of copper on to one pole and then touched the drop with the other; then connected the battery, then broke connection at drop, and then at battery, and so went on in succession so as to avoid the recurrence of the return or opposite current on the drop: but got no evidence of chemical action.
12. On making *all* the wire round the iron ring one helix and sending current from battery through it, and also hanging a magnetic needle over the ring, one pole being in the middle at the point of suspension, the needle darted about irregularly and shewed poles—two N and two S. On putting paper over the ring and sprinkling filings over it also see the 4 poles, but were irregularly placed. Iron probably not soft but evidently not a perfect conductor, for the parts between the ends of the two general helices of A and B were of very different magnetic power to the ends of the helices.
13. Put a helix (of brass brace spring) round a glass jar and brought a needle within it in various positions, but it behaved merely as a single ring of wire would have done.

The entry recording the first successful experiment in electro-magnetic induction. August 29, 1831 (*slightly reduced*)

1831年8月29日は運命の日。

成するときには出典をわかりやすくできたことでしょう。このように、彼の実験ノートはただの実験記録ではなく、論文の下書きのような完成度となっていました。

ファラデーの残した言葉に「Work, Finish, Publish」というものがあります。これは、彼の後輩であるウィリアム・クルックス（のちに『ロウソクの科学』をまとめる。クルックス管の発明で有名）への助言でした。「働き、完成させ、出版しなさい」という意味で、研究で論文として発表するまでを重要視していたことが見てとれます。この考え方は現代でもとても大切です。研究活動において研究成果の先取権はとても重要で、新しい発見は最初に報告した人に栄誉が与えられるのです。そのため、科学者は自身の研究成果をなるべく早く「論文」というかたちで世界に発信します。

ファラデーの研究速度

ファラデーの日誌の特徴やクルックスへの助言から考えると、ファラデーは論文として成果を発表することにとくにこだわったようです。次ページの図は、ファラデーの日誌に書かれた記録と、その内容が論文として発表された時期についてまとめたものです。電気分解の法則についての論文は1833年から1835年のあいだに、長編シリーズ"Experimental researches in electricity"という題目でシリーズ第一から第七までに分けて報告されています。

電気分解の第一法則にあたる第三シリーズには論文提出日の記載はありませんが、12月末から1月上旬ごろだったと考えられます。一方でこの論文のための実験は、前年の1832年8月25日〜12月24日の4か月間で実施されています。研究の完成(finish)から、出版(publish)までほとんど期間が空いていません。

次に電気分解の第二法則についても見てみましょう。第五、第七シリーズが電気分解の第二

◆実験と論文発表の間隔

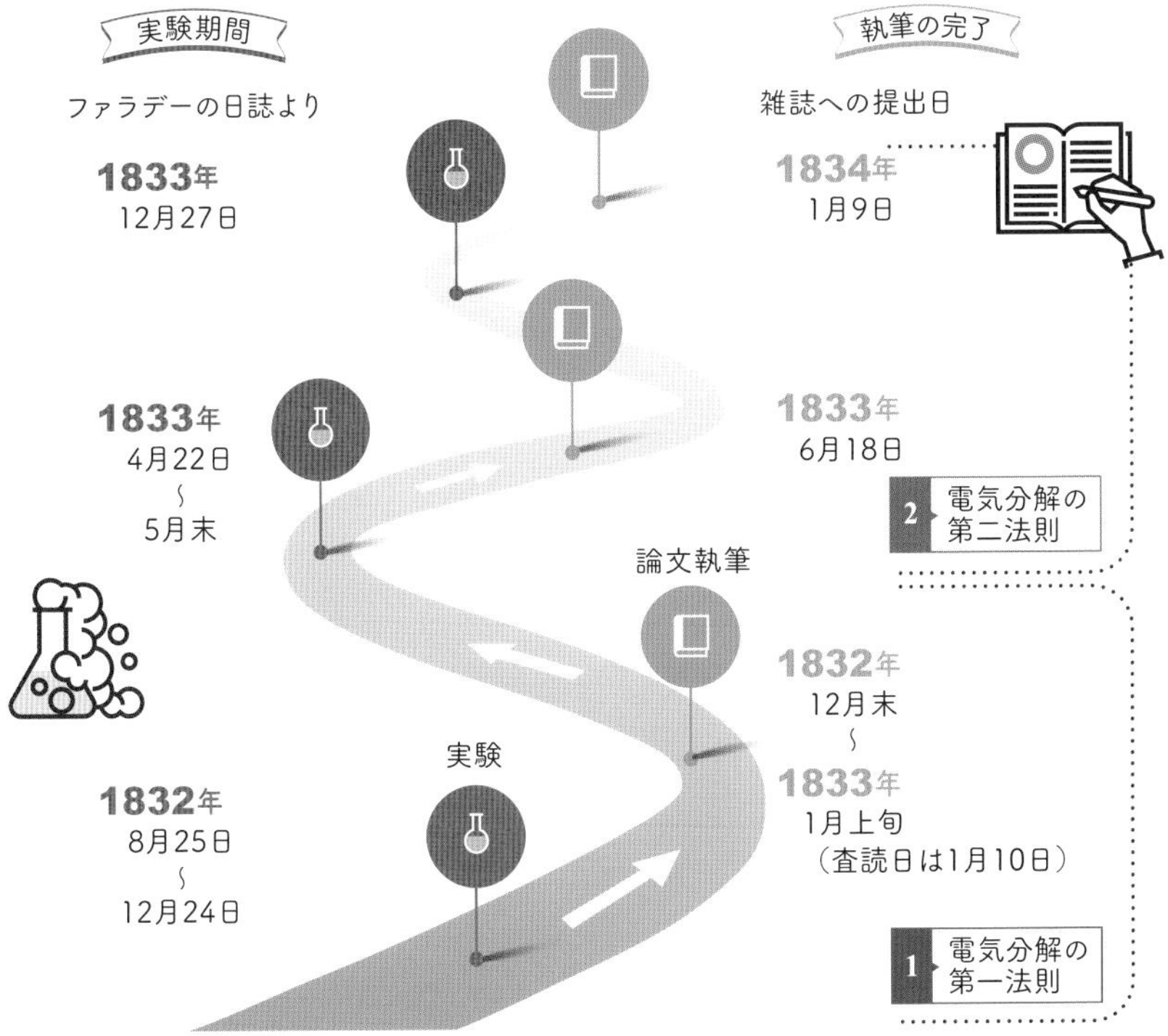

法則の報告にあたります。第五シリーズの提出日は1833年6月18日です。そして、この論文のための実験は、同年4月22日〜5月の1か月間で完了しています。第七シリーズの提出日は1834年1月9日です。そして、この論文のための実験は、前年8月末〜12月27日までの4か月間。

　このように、ファラデーは研究の完成から出版まで、ほとんど時間をかけていません。先取権への強い執着と完成度の高い実験ノート(日誌)の存在が、優れた科学者の証であり、またそれは彼が多くの功績を世に残すことができたひとつの要因なのかもしれません。

　現在、ファラデーの日誌は、原文をインターネット上で読むことができます。実際に読んで、自分のノートと比べてみるのもよいでしょう。著者の一人(藤嶋)は30年以上前に購入して読んでいます。

ファラデーゆかりの場所①

■Royal Society of Chemistry

イギリス・ロンドンのRoyal Society of Chemistryの地下にはファラデーの仕事場がそのまま保存されており、電磁誘導の発見に使われたコイルも保管されています。

●ファラデーの仕事場

●ファラデーの遺した
電磁誘導のコイル（1845年）

●Royal Societyの外観

Royal Institution（王立研究所）

1799年に設立された科学教育および科学研究機関。「王立」となっていますが、国王によって設立されたわけではなく、国王が認可した機関です。デーヴィーは公開講座でボルタ電池を使って聴衆をくぎづけにし、ファラデーも自身による電磁気学の発見を披露しました。1827年からは、子ども向けの科学講座であるクリスマスレクチャーがおこなわれています。

●現在の講義室

●ファラデーの大理石像

PART

2

ファラデーとその発明・発見

現代にどう影響しているか

1821年	30歳	① 電流と磁石のあいだの相互作用の実験をおこなう ① 電磁回転と名づけた装置を作製（モーターの原型）
1823年	32歳	⑤ 塩素の液化に成功
1825年	34歳	⑥ ベンゼンの発見
1831年	40歳	② 電磁誘導の発見
1833年	43歳	③ 電気分解の法則の発見
1834年	44歳	④ ファラデーケージによる実験
1837年	46歳	④ 静電誘導の実験に取り組む
1838年	47歳	④ 真空放電におけるファラデー暗部の発見
1839年	48歳	⑦ 物質の半導体的性質の最初の発見
1845年	54歳	⑨ 反磁性の発見 ⑧ ファラデー効果の発見
1846年	55歳	⑧ 光の電磁波説の着想
1850年	59歳	⑨ 酸素の著しい常磁性の発見
1862年	71歳	⑩ 磁場による光のスペクトルの変化を予想

身のまわりのファラデーを探してみよう

◆ファラデー 10の功績

- ① 電気モーターの発明
- ② 電磁誘導による発電
- ③ 電気化学反応の基礎
- ④ 電界によるケージ効果
- ⑤ 低温系の応用
- ⑥ ベンゼンの発見
- ⑦ 半導体現象の発見
- ⑧ 光通信への貢献
- ⑨ 磁性の発見
- ⑩ 光と磁場のかかわり

このパートでは、ファラデーの代表的な発見や発明をひとつずつ紹介し、それらが現代の私たちの生活にどう影響しているかを詳しく解説します。

ファラデーは、数多くの発見や発明を残しています。その多くがノーベル賞級の成果であり、もしもファラデーが生きた時代にノーベル賞があれば、ファラデーは少なくとも6回は受賞したともいわれています。

では、ファラデーの功績は私たちの生活にどう影響しているのでしょうか。実は、私たちの生活のいたるところにファラデーの功績はかくれています。身のまわりにあるファラデーをイラストにまとめてみました。電気や自動車、化学製品などなど、さまざまなものや場所にファラデーの業績が応用され、私たちの社会を支えていることがわかりますね。また、生活空間にも、ファラデーの業績を応用した製品がいくつもあります。ファラデーがいなかったら、今の私たちの生活はなかったかもしれません。

半導体（太陽電池）
電磁誘導（風力，火力発電）
電磁誘導（水力発電，変電所）
光通信（ファラデー効果）
モーター（電車）
モーター（飛行機）
モーター（船舶）
ベンゼンの発見 塩素の液化（化学工場）

エアコン（塩素の液化，モーター）
オーディオ（ファラデーケージ，電磁誘導）
パソコン・スマホ（ファラデーケージ，電磁誘導）
センサー（ファラデーケージ，電磁誘導）
冷蔵庫（塩素の液化，モーター）
自動車・内装材・塗装・燃料電池（ベンゼンの発見，ファラデーケージ，電気化学，モーター）

すべての製品に
半導体が
使われている

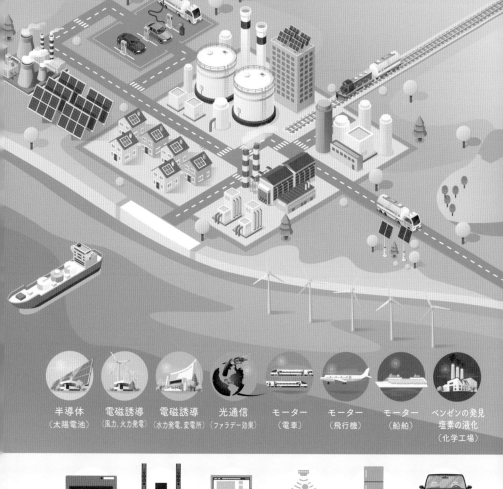

①電気モーターの発明

◆移動に使われる電気モーター

電動オートバイ

電動自転車

電動車椅子
シニアカー

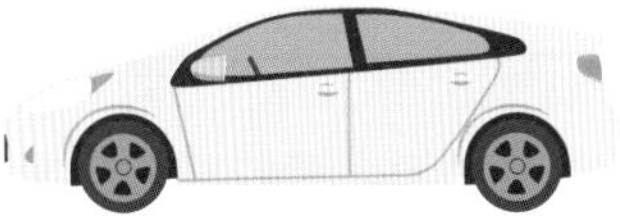

ハイブリッド自動車
（HEV）

電気自動車
（EV）

電車

オランダの科学者エルステッドは、実験で電流を白金でつくった針金（白金線）に流していたところ、その白金線の下方に置いてあった磁石の針が、回路に電源を入れたときと切ったときに動くことを発見しました。

　エルステッドはこの発見をすぐに論文として発表しました。これが電流の磁気作用についての最初の発見です。１８２０年７月に発表された彼の論文はヨーロッパ中の人びとを驚かせました。とくに電流が円形に磁場を生じさせる点に関心をもたれました。ここで「磁場」とは、磁気を帯びた物体のまわりに磁力がおよぶ領域のことです。磁石どうしが引きあったり反発したりする現象から、「磁場」の存在は古くから知られていました。しかし電気を帯びた物体のまわりにも、電気の力がおよぶ領域、つまり「電場」が存在し、「電場」と「磁場」は密接な関係にあることが示唆されたのは、この発見がはじめてでした。

　この話は少しおくれて１８２０年10月ごろに

◆エルステッドの実験

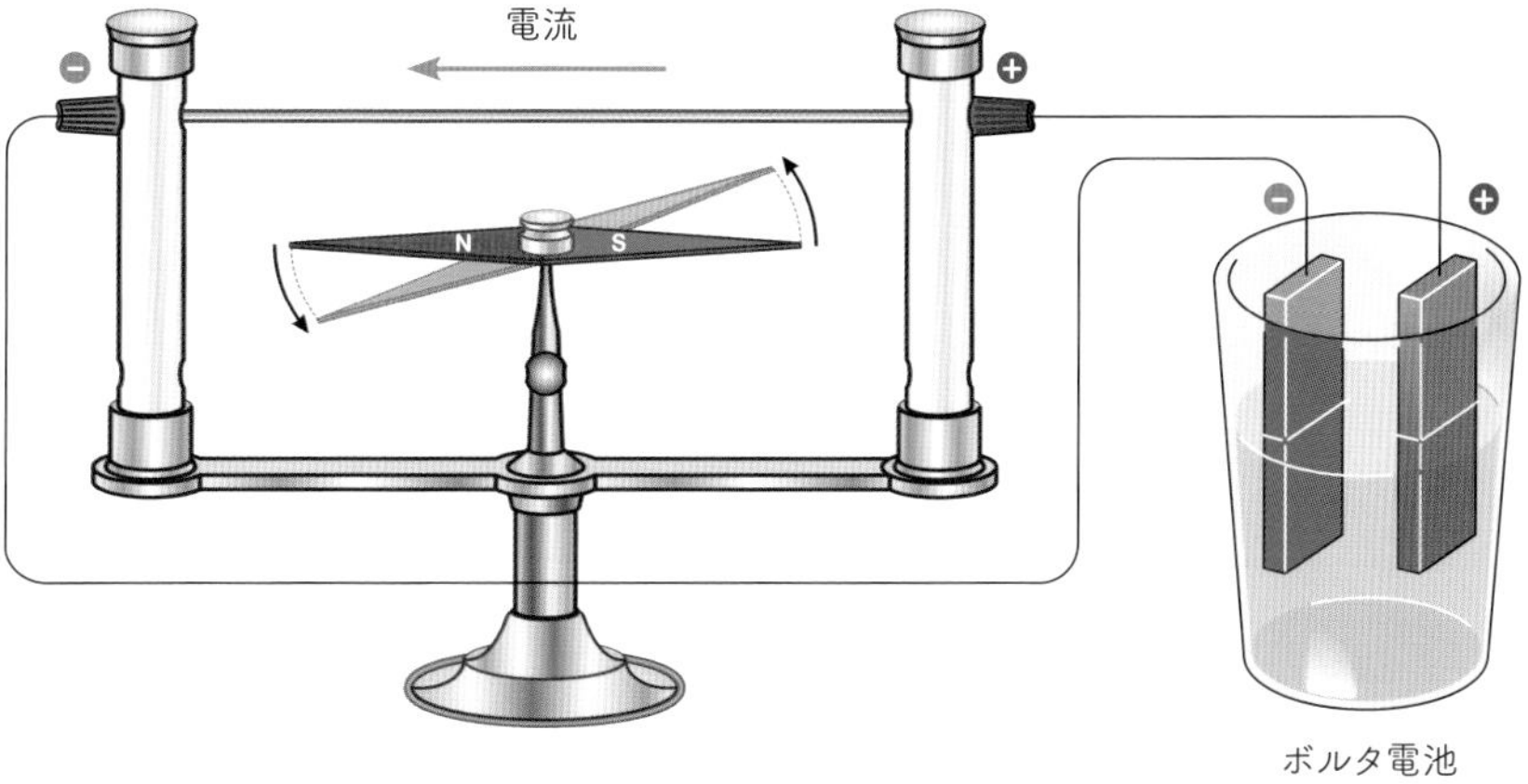

導線に電流を流すと、方位磁石の針が振れる。

イギリスへ届きます。ファラデーの師デーヴィーはファラデーらとともに追試をはじめました。デーヴィーはこのとき、磁場と電場のあいだに動く力は引力と圧力だけだと考えていました。一方、デーヴィーの友人のウォラストンは永久磁石を導線に近づけると、導線が回転するのではないかと考えていました。事実ウォラストンはデーヴィーとも討論し、1821年4月にこの実験をしましたが、白金線をうまく回転させることはできませんでした。一方、ファラデーは友人のフィリップスにたのまれて電流の磁気作用についての総説を書きはじめ、いろいろな勉強を進めていました。この総説は1821年9月と1822年2月に匿名で発表しています。ファラデーはこの執筆中に新しいアイデアを考えては実験をくり返していました。あるときファラデーは自由に回転できる小さな磁石(磁針)を使って、磁力の分布を調べます。すると磁針が動いて、導線のまわりを回って円になることに気づいたため、細い金属線が自由

◆モーターの応用

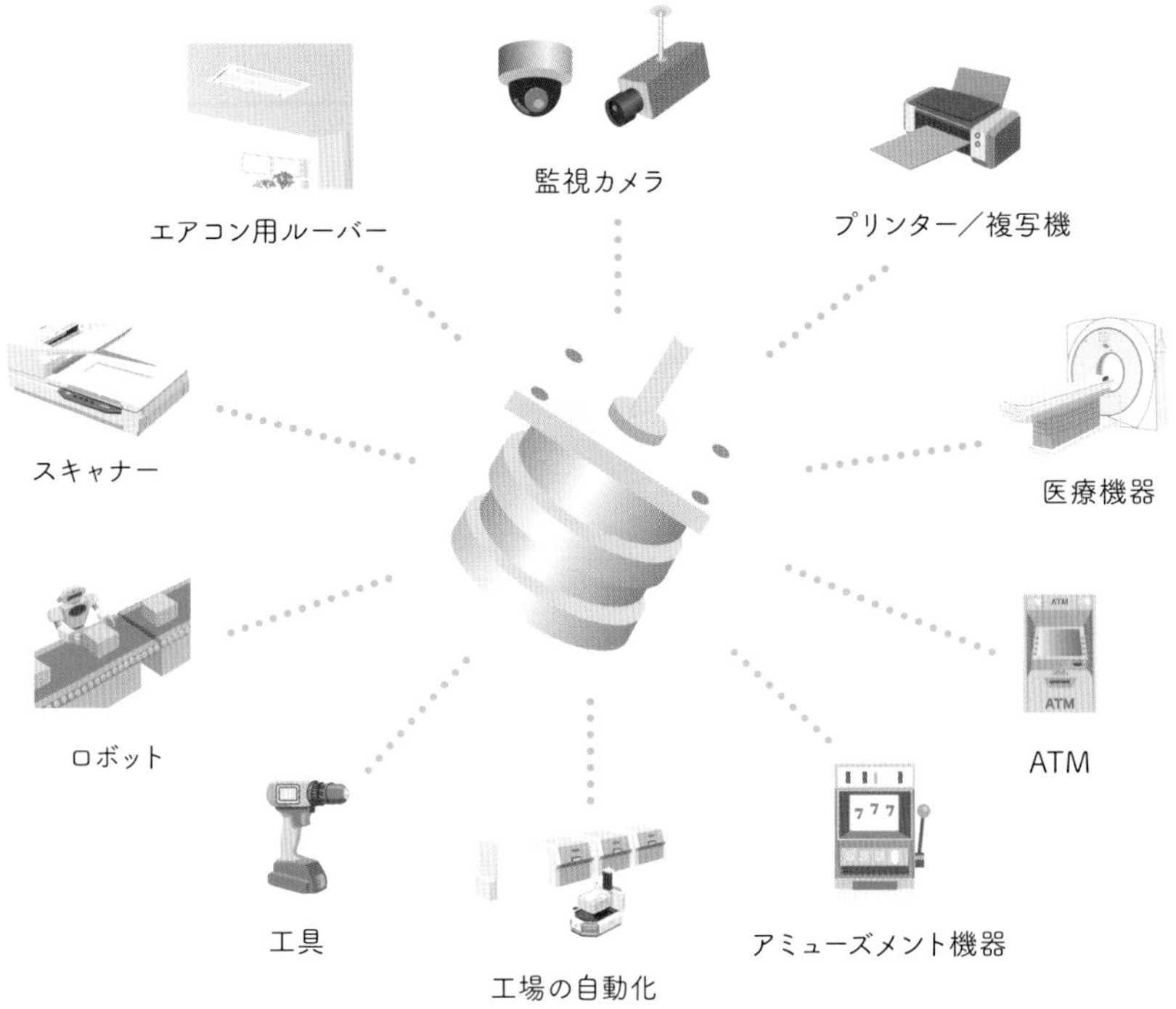

に動けるような装置をつくりました。

電池を使って電磁石で実験をしたところ、細い金属線が回転しはじめました（モーターの原型、実験①も参照）。ちょうど研究室に来ていた妻サラの弟に知らせ、またサラにも見てもらいみなで大喜びしたそうです。これは新婚の年のクリスマスの夜でした。ファラデーは論文を発表しようと急いでまとめました。そしてアイデア元のウォラストンに了解を得るため彼の自宅を訪ねました。ところが不在だったので、ファラデーはそのまま論文をだしてしまいました。それからがたいへんでした。この発明に対する賛辞がある一方、最初にアイデアを考えついたウォラストンへの謝辞が論文に書かれていなかったため、ファラデーは周囲の人たちから非難を受けることになりました。ファラデーはしばらくしてウォラストンに会って弁解しますが、後のちまで遺恨を残してしまいました。

いずれにしても、電気モーターは現代社会に欠かせない部品のひとつとなっています。

実験1 ファラデーの電磁気回転を再現する

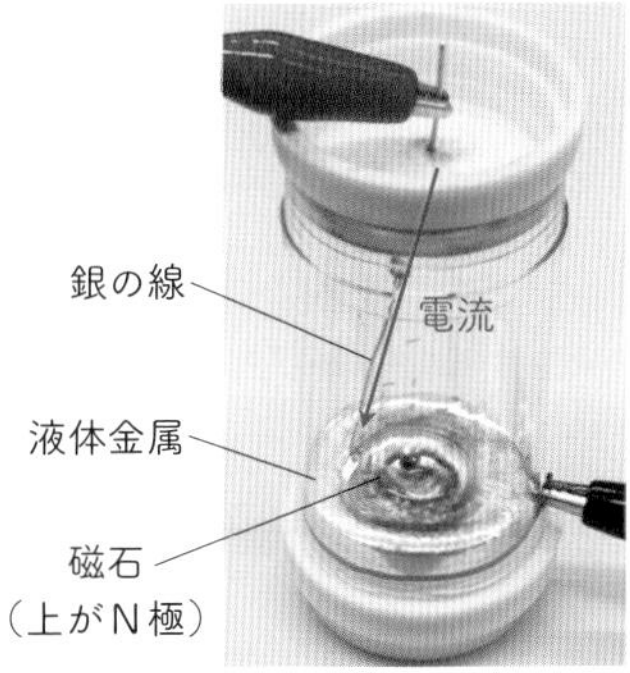

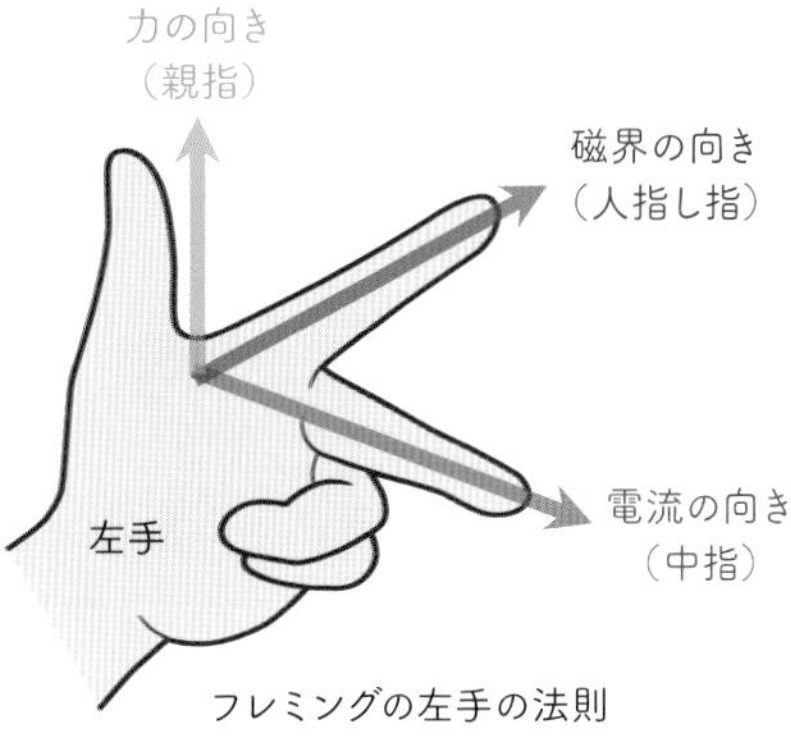

フレミングの左手の法則

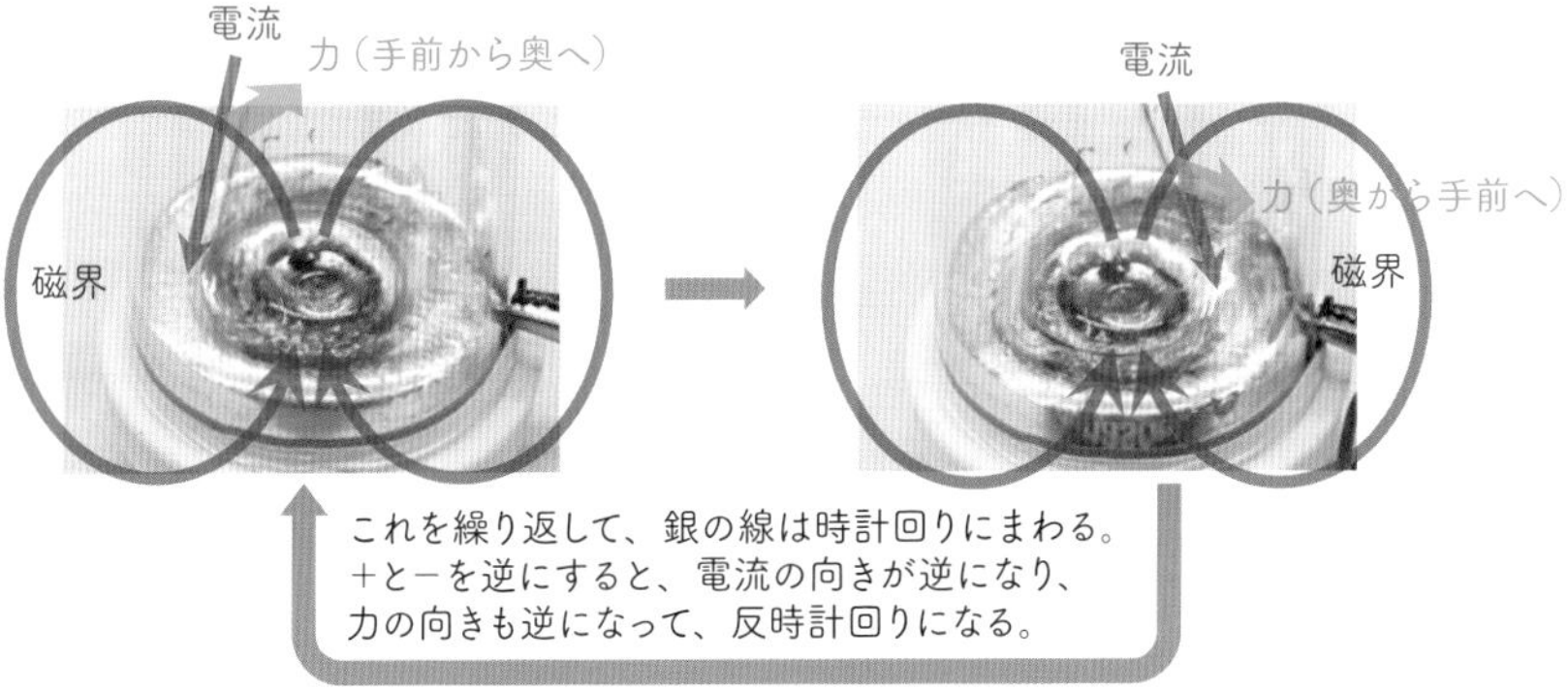

電流が流れる銀の線のまわりには磁場が発生します。その磁場が、中央の磁石の磁場と相互（そうご）作用をすることで、回転運動が生まれます。フレミングは、電流・磁場・発生する力の3つの向きが、どういう関係になるかを研究しました。これは「フレミングの左手の法則」として有名ですが、もともとはファラデーが発見した電磁誘導の法則を、フレミングが大学の講義でわかりやすく説明するために考案したものです。なお、ファラデーは液体金属として水銀を使用しましたが、水銀は有毒なので、ここでは室温で液体の合金（ガリウム＋スズ＋インジウム）を代わりに使っています。

②電磁誘導による発電

◆ファラデーの電磁誘導の実験

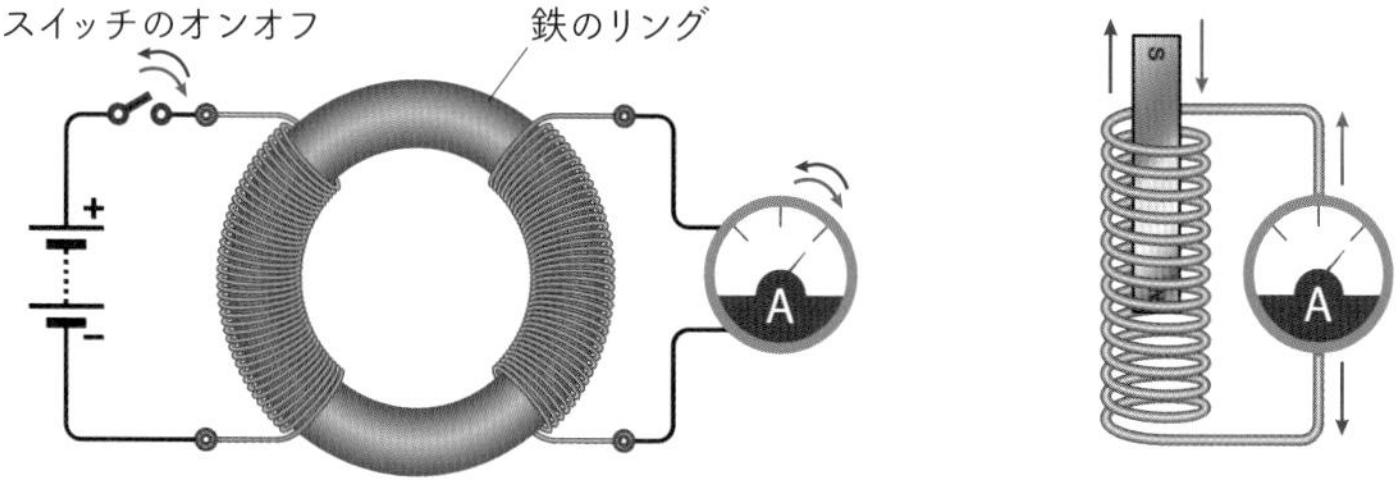

（左）鉄のリングに巻いた2つのコイルのあいだで電流が誘導される実験、
（右）コイルに磁石をだし入れすると電流が誘導される実験。

◆電磁式発電機
「ファラデーの円盤」

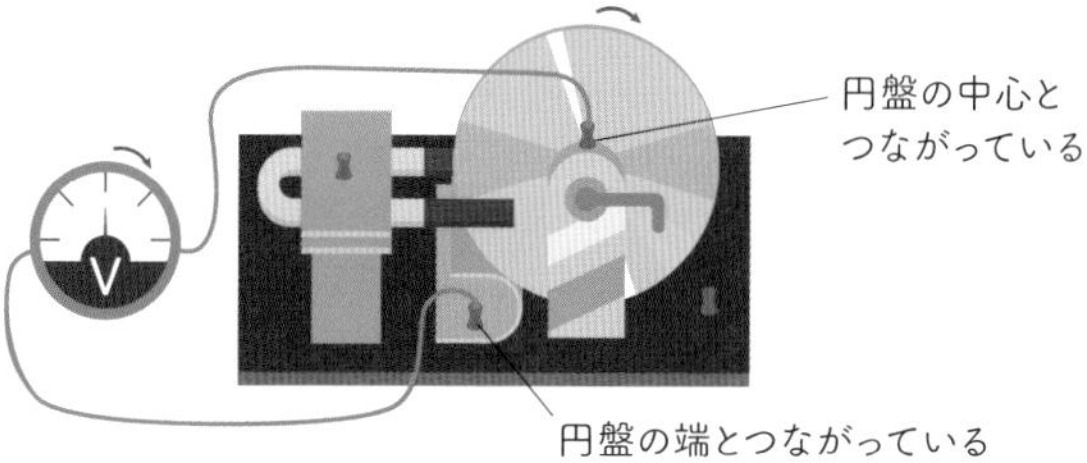

ファラデーは電磁気回転を発明したおよそ10年後の1831年8月29日、電磁誘導を発見します。

エルステッドの実験や自身の電磁気回転の発見から、電流がその周囲に磁気作用をおよぼすことがわかっていました。そのため、ファラデーは逆に磁気作用が電流を誘導するかもしれないと思いつきました。つまり、「磁気から電気を取りだせるのでは？」と考えたわけです。

結果的に、ファラデーは左上の図のように2つのコイルを用いた実験で電流を誘導することに成功しました。さらに、この年の10月17日には、右上の図のようにして、磁石とコイルの相対運動で電流が誘導されることも発見しました。つまりファラデーは予想したとおり、磁気から電気を取りだすことに成功したのです。

1832年、ファラデーははじめて電磁式発電機「ファラデーの円盤」を製作しました（下図）。これは一種の単極発電機で、銅の円盤をU字形の磁石のあいだで回転させることによ

柱上変圧器

◆電磁誘導の原理の応用例：変圧器

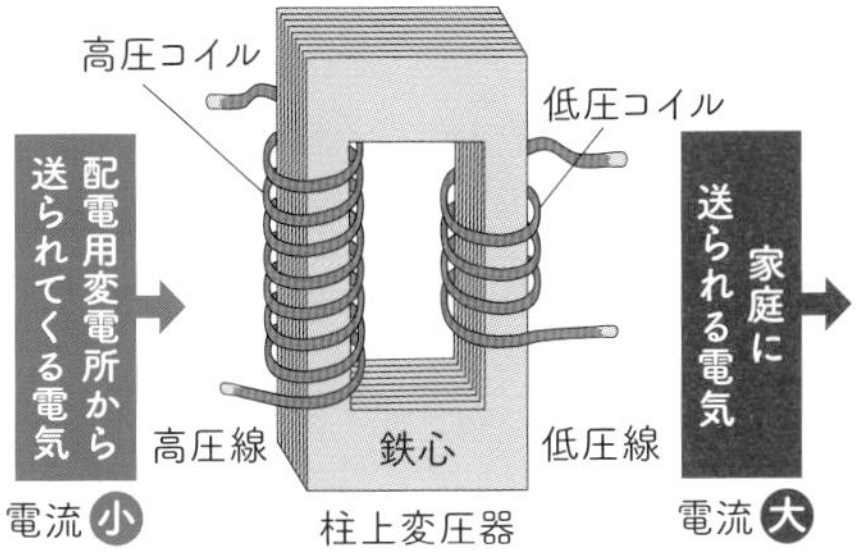

◆非接触ICカード

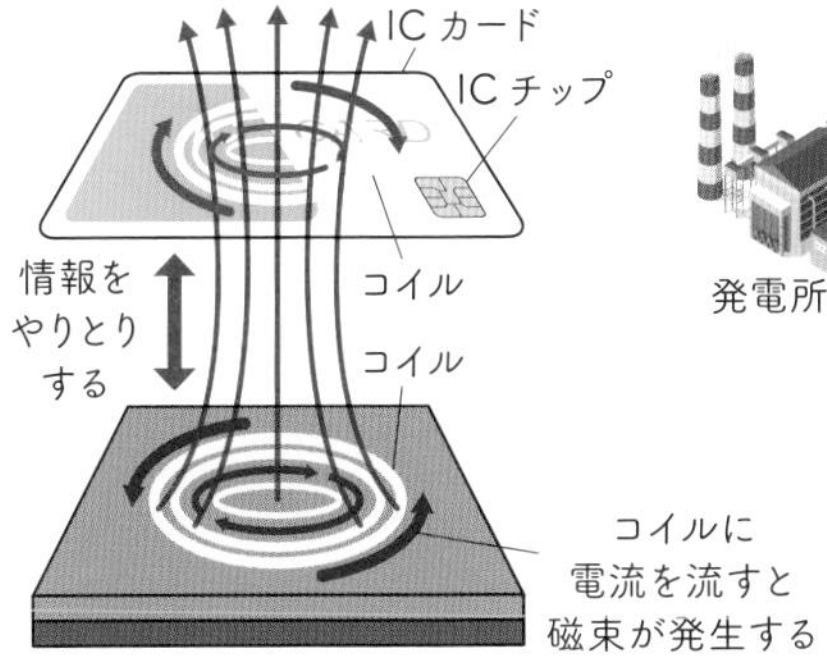

◆発電所から一般家庭へ

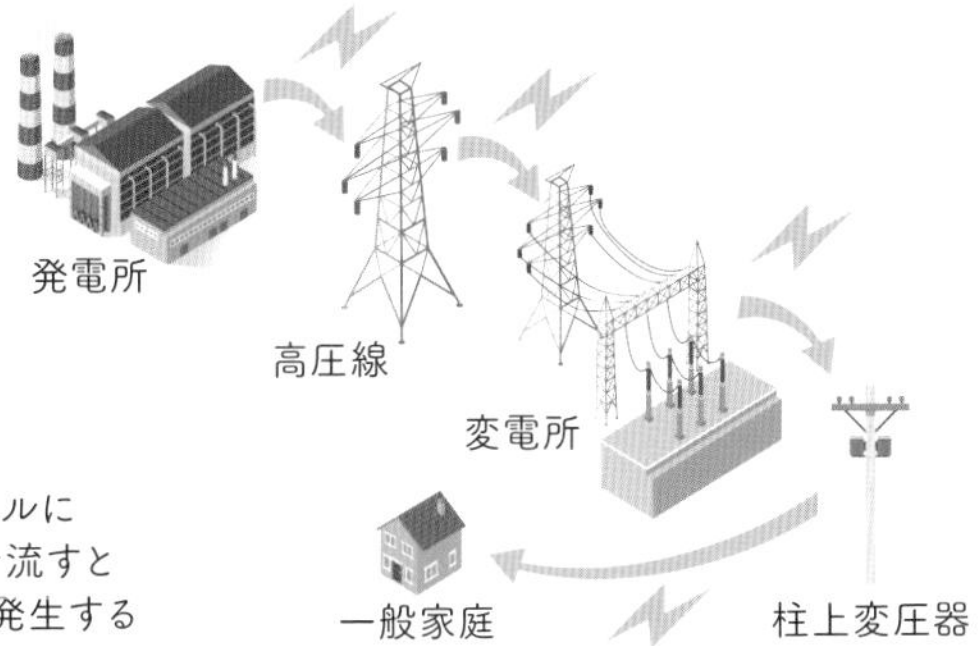

り、円盤の円周部と中心部に微弱な電位差を発生させるものです。

発電機はコイルや蒸気機関と組み合わさって、どんどん進化していきました。現在、発電所で用いられている発電機は、コイルの近くで磁石を回転させ、コイルに電流を発生させるしくみです。世の中にはいろいろな発電所がありますが、磁石を回転させるためのエネルギー源がちがうだけです。火力発電や原子力発電は、化石燃料や核燃料を使ってお湯をわかし、その蒸気の力で回転させています。水力発電や風力発電は、それぞれ水や風の力で回転させています。

また、電磁誘導の原理は、変圧器やIHヒーター、ワイヤレス充電、非接触ICカードなどにも応用されています。つまり、電気中心の現代の生活を支える非常に重要な原理といえます。

◆火力発電・原子力発電

私たちの利用している電気をつくっている発

◆火力発電のようす

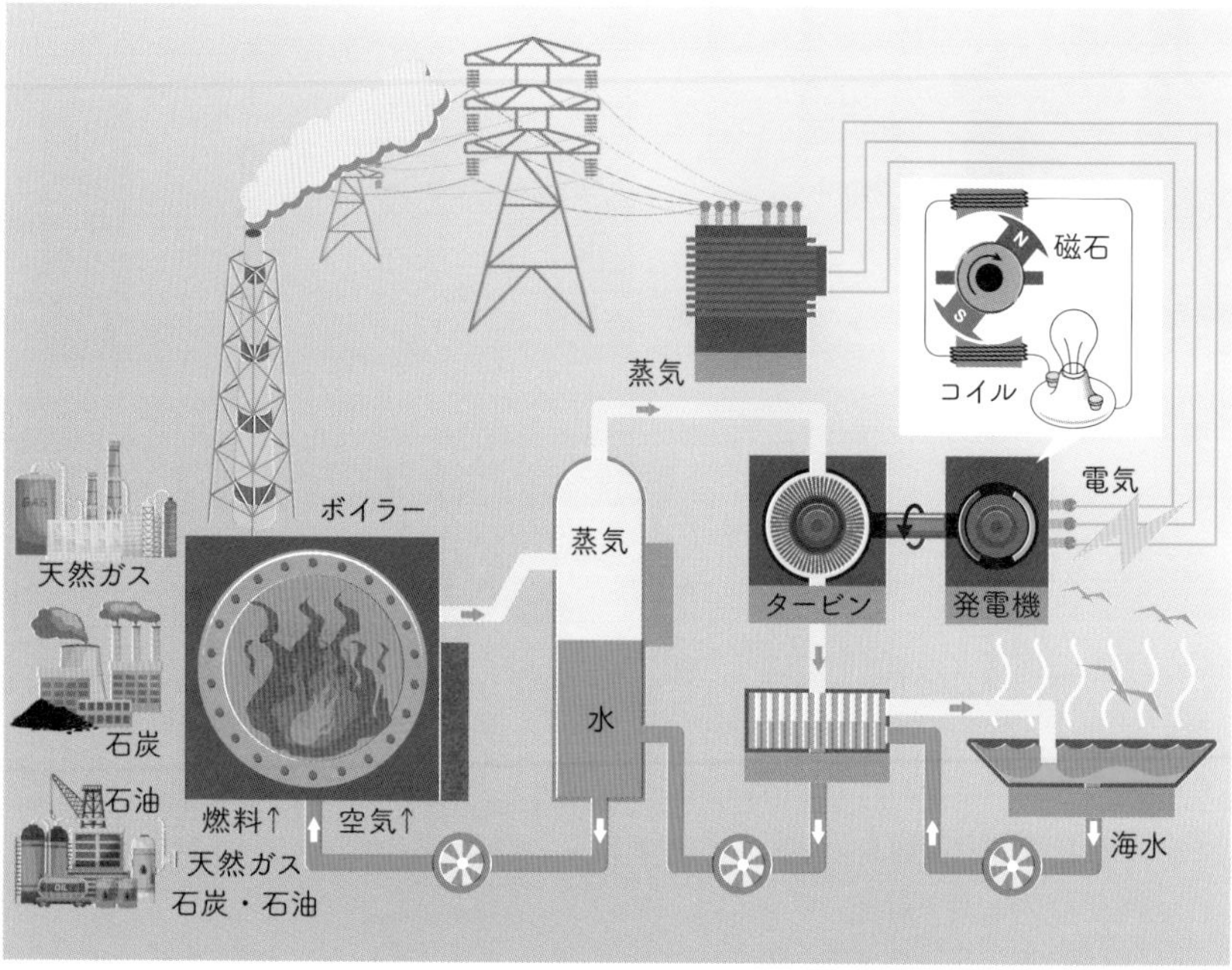

原子力発電は燃料や廃棄物が違うだけで、基本的な発電原理は火力発電と同じ。

電所を見てみましょう。発電所には、火力、水力、原子力、地熱、風力、バイオマス、太陽光など、さまざまなものがあります。火力発電所では石油・石炭・天然ガスなどの化石燃料を燃やして発電しています。一方、水力発電は河川や湖沼（こしょう）などの水の位置エネルギーを用いて発電しています。原子力発電所では、ウランなどの放射性物質のもつ核エネルギーがエネルギー源として用いられています。

火力発電や原子力発電では、お湯をわかして出てくる蒸気でタービンという機械を回転させて電気をつくるので、原理としては同じです。一方、太陽光発電は原理がちがっていて、光エネルギーから直接電気をつくります（⑦半導体を参照）。また、水の位置エネルギーを利用する水力発電や地熱、風力、バイオマス、太陽光などを利用する発電は自然界に存在するエネルギーを利用していることから、再生可能エネルギーとよばれています。

実験2 ファラデーの誘導電流を再現する

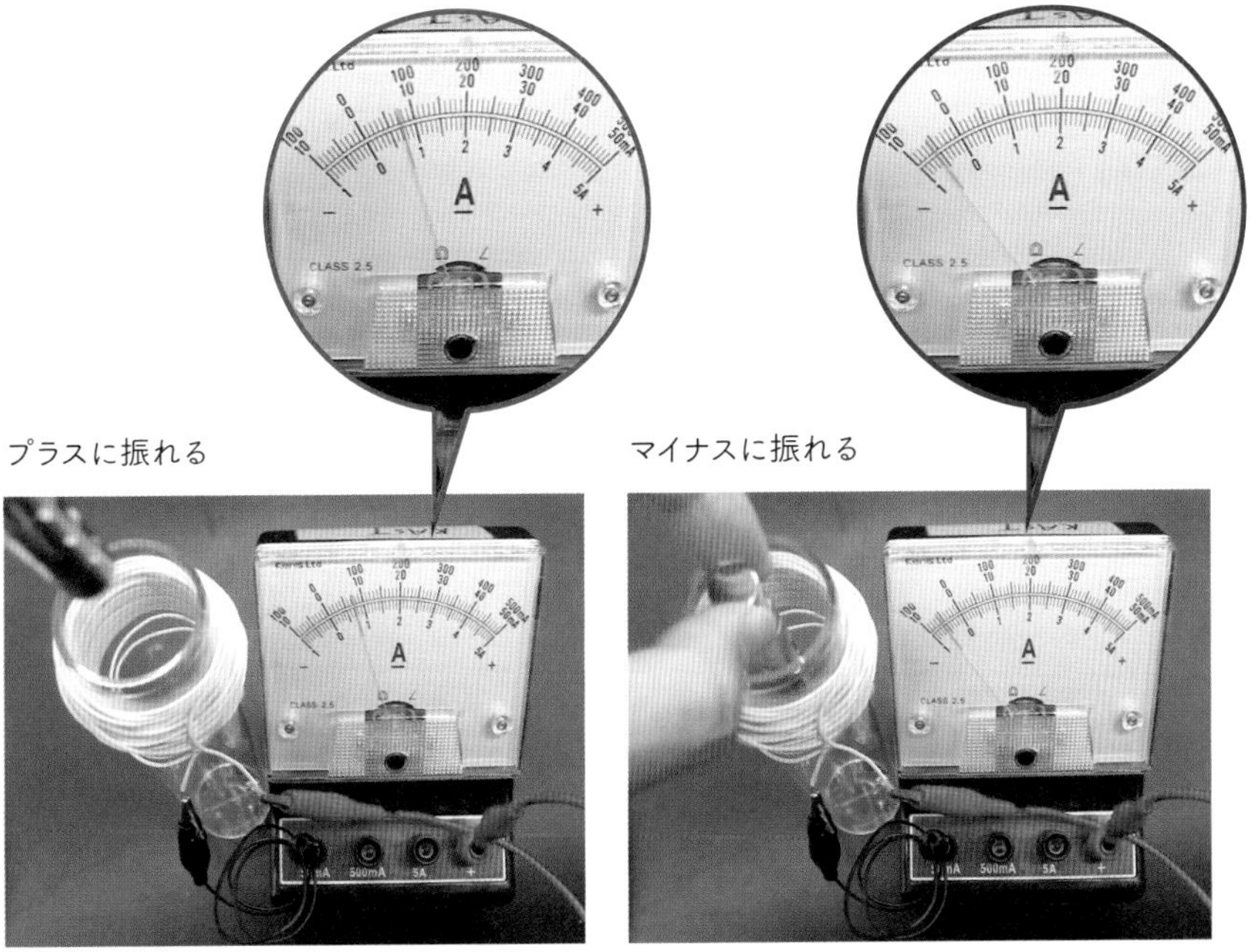

用意するもの：プラスチックの筒、コイル用の導線、棒状の磁石、ワニロクリップつき絶縁リード線、電流計

誘導電流が発生するかどうか、実際に実験をしてみましょう。

まず、プラスチックの筒に導線を数十回まきつけてコイルをつくります。導線の両はしは、リード線で電流計につなぎます。その状態で、筒のなかに磁石をだし入れすると、電流が流れます。よくみると、筒に磁石を入れたときと、筒から磁石をだしたときだけ、瞬間的に電流が流れています。しかも、電流の流れる向きが、磁石を入れたときとだしたときでは逆になっています。

なぜそうなるのか、調べたり考えたりしてみましょう。

③電気化学反応の基礎

◆水の電気分解

陽極

$H_2O \rightarrow \frac{1}{2}O_2 + 2H^+ + 2e^-$

陰極

$2H^+ + 2e^- \rightarrow H_2$

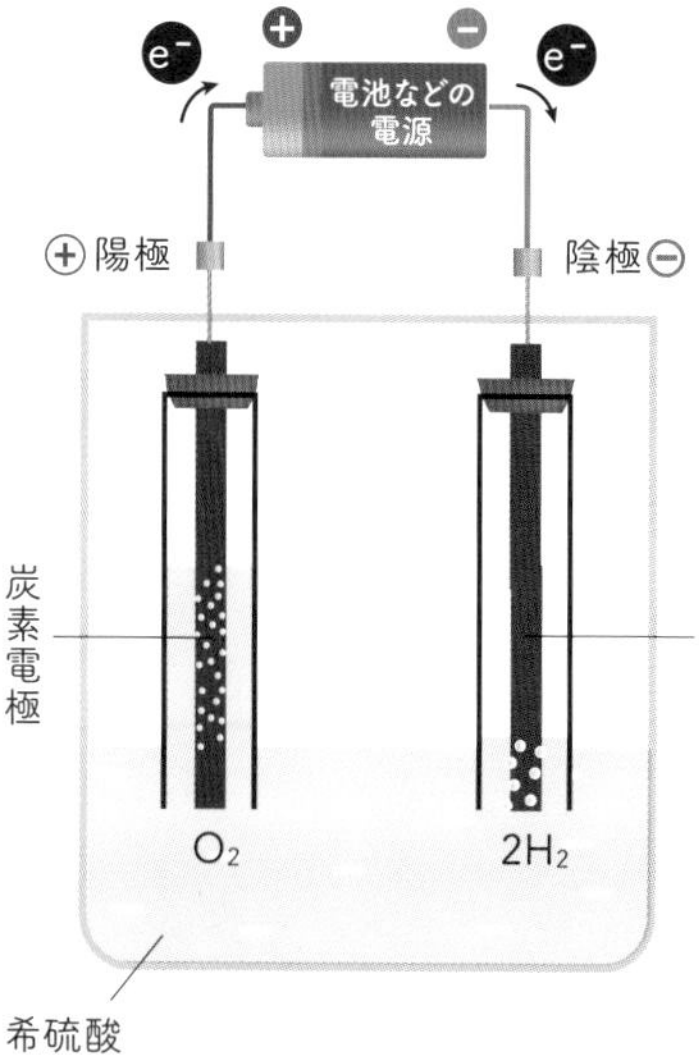

電極（electrode）
酸化反応する電極：アノード（anode）
還元反応する電極：カソード（cathode）
溶液内で電離しているもの：イオン（ion）
－のイオン：アニオン（anion）
＋のイオン：カチオン（cation）

ファラデーの師ハンフリー・デーヴィーは1806年と1807年に、高温にしたイオンのみからなる溶融塩を電気分解することで、カリウムやナトリウムをはじめとする6つの元素を見つけました。一方ファラデーは、1833年から1834年に水の電気分解を中心に、電気化学反応の基本となる次の2つの定義を導いています。

①電気化学反応によって反応する物質の量は流れた電気量、すなわち電流と時間の積だけに比例する（1833年6月）。
②電気化学反応で生成する物質の量はどのような化合物であっても、一定の電気量によって一定の量だけ生成する。その一定量は物質によって定まっていて、電気化学当量とよぶ（1834年6月）。

さらにファラデーは、電気化学反応に関与する電極や電解液などについての名称を、哲学者で博学の人といわれていたケンブリッジ大学

◆電解による塩素と水酸化ナトリウムの製造

水の電気分解の応用としての代表例がソーダ電解で、塩素と水酸化ナトリウム（カセイソーダ）をつくる。

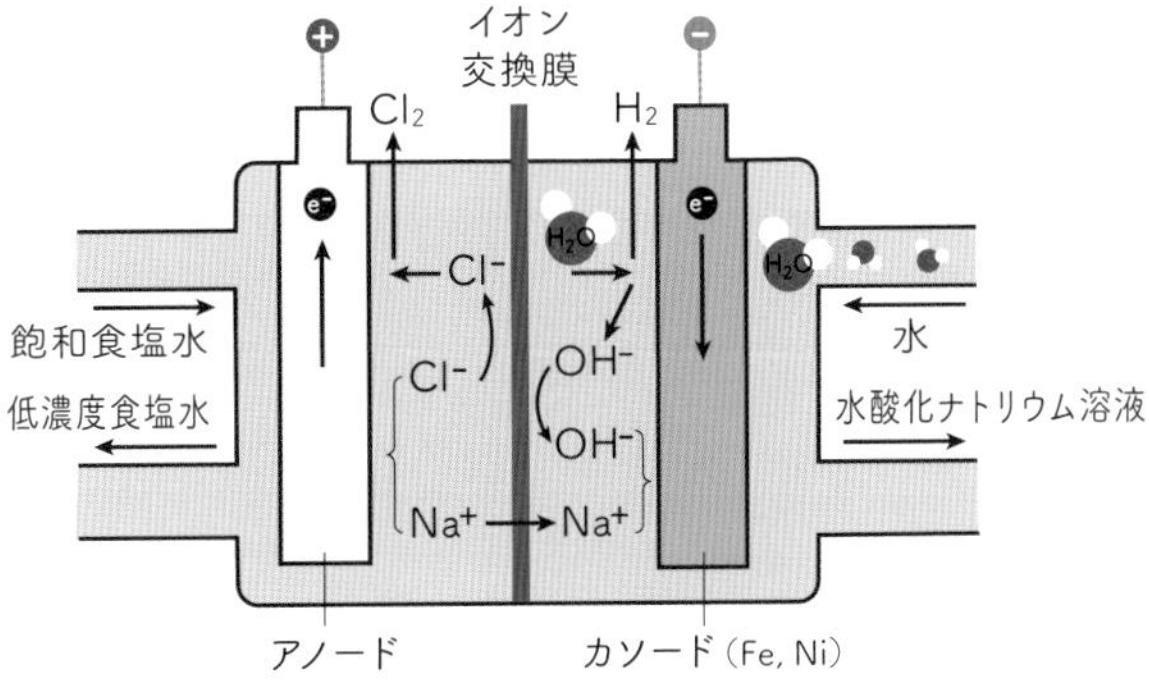

◆燃料電池のしくみ

水の電気分解の逆反応が起こるのが燃料電池である。リン酸型、アルカリ型、固体高分子型などがあり、家庭用、自動車用などがある。

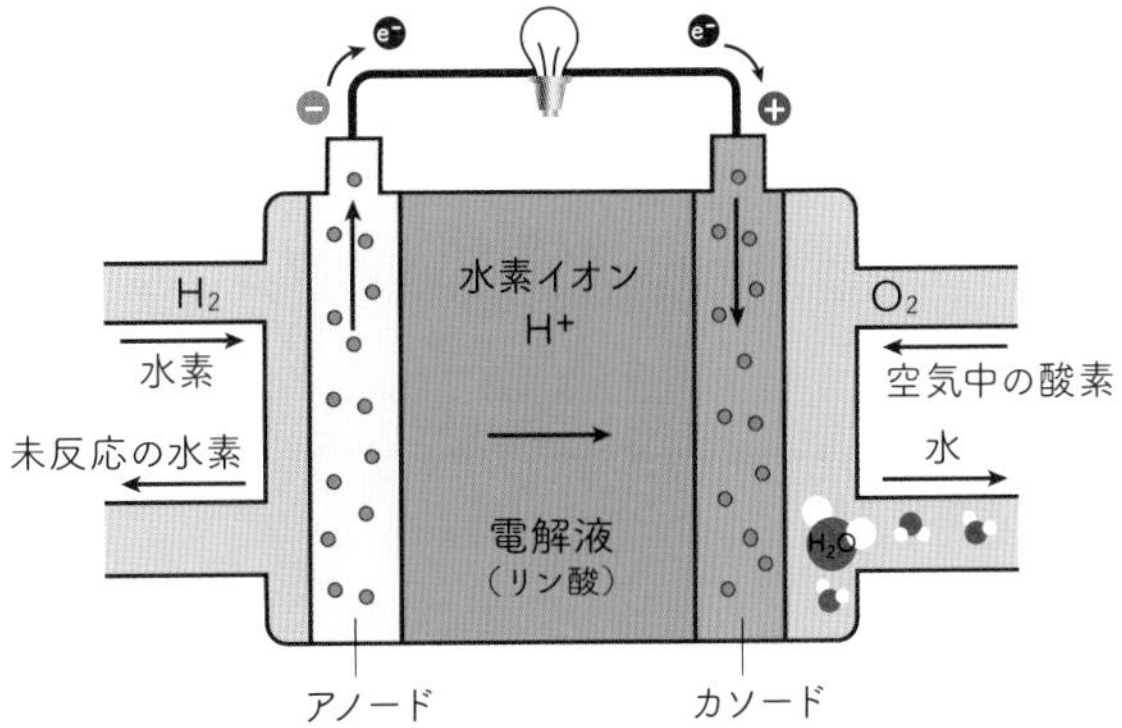

ヒューウェル教授に相談して、上のように決めました。

なお電気分解の場合、日本語ではアノードを陽極、カソードを陰極としています。一方、電池の場合はアノードが負極、カソードが正極とされ、少しまぎらわしい表現となっていますが、酸化反応と還元（かんげん）反応を基本にすると、理解しやすいわけです。

電気化学反応の基本は水の電気分解ですので、中学校や高校で実験をした人も多いでしょう。

水の電気分解の応用として、代表的なのがソーダ工業です。電解ソーダ法で塩素と水酸化ナトリウム（カセイソーダ）、水素が製造できます。

水の電気分解の逆反応が燃料電池です。燃料電池には、リン酸型、アルカリ型、固体高分子型などがあり、製品としては家庭用、自動車用などがあります。

◆銅の電解精製の原理

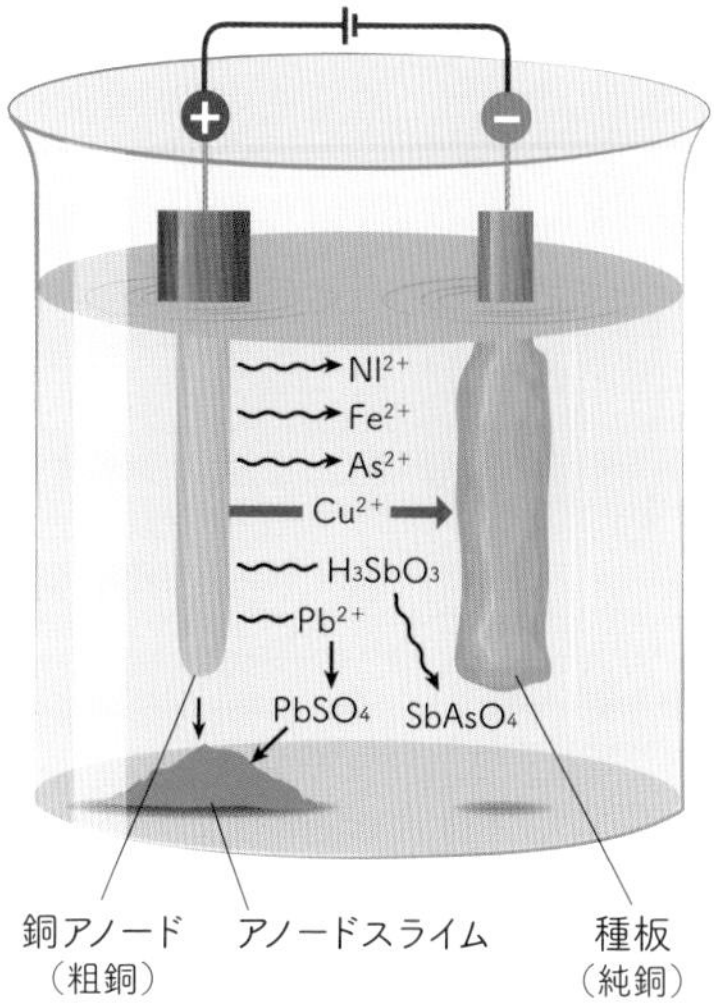

不純物を多く含む金属から純度の高い金属にするにも電気化学反応が使われている。上図は銅の場合を示す。

◆代表的な電池の構成

種類	電池	負極 −	電解質	正極 +	起電力
一次電池 充電できないタイプ	マンガン乾電池	Zn	$ZnCl_2$ NH_4Cl	MnO_2	1.5 V
	アルカリ乾電池	Zn	KOH	MnO_2	1.5 V
	酸化銀電池	Zn	KOH	AgO	1.65 V
	空気亜鉛電池	Zn	KOH	O_2	1.4 V
	リチウム一次電池	Li	$LiClO_4$	MnO_2	3.0 V
二次電池 充電できるタイプ	ニカド電池	Cd	KOH	NiO(OH)	1.2 V
	ニッケル水素電池	水素吸蔵合金	KOH	NiO(OH)	1.2 V
	リチウムイオン電池	CLi_x	$LiPF_6$	$Li_{1-x}CoO_2$	3.7 V
	鉛蓄電池	Pb	H_2SO_4	PbO_2	2.0 V

実用化されている電池の代表例には、マンガン乾電池やリチウムイオン電池があります。マンガン乾電池は一次電池とよばれ、完全に放電してしまうと使えなくなる、使い切りタイプの電池です。一方、充電すれば何回も使うことができる電池を二次電池といい、リチウムイオン電池はその代表例です。

不純物を多くふくむ金属から純度の高い金属にする場合にも電気化学反応が使われています。上には銅の場合を示しました。

電気化学は、基本的な材料をつくることができる、現代社会を支える重要な技術です。電池をはじめとするスマートフォンや家電などの多くの製品に電気化学の技術が利用されています。また、この原理である「電気化学の基礎」からはいろいろな種類のセンサーなどの多くの技術も生まれています。現代の半導体産業が進歩してきたのは、ファラデーが発展させた電気化学のおかげなのです。

◆電気化学を利用した工業プロセス

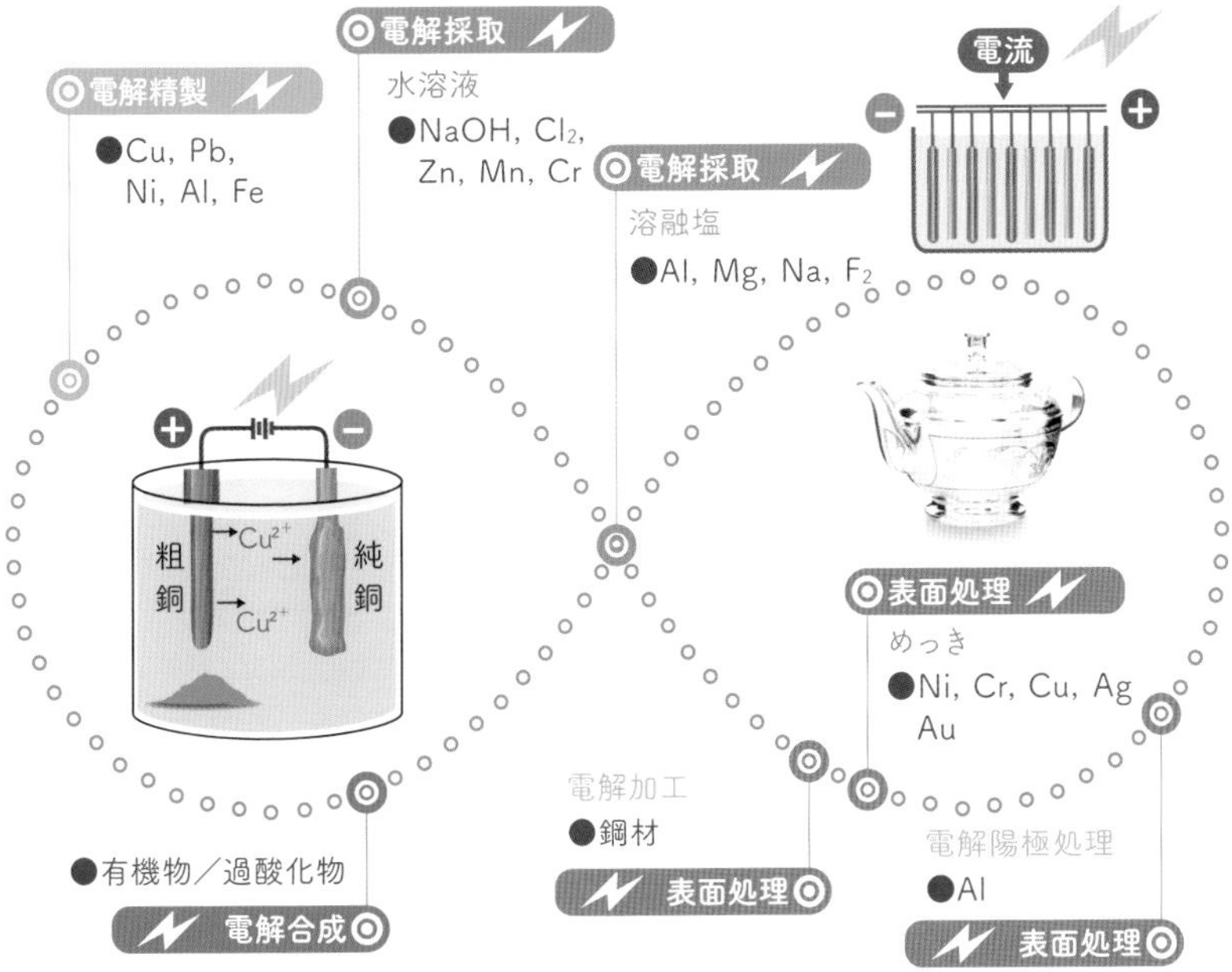

◆電気化学にかかわる先端技術

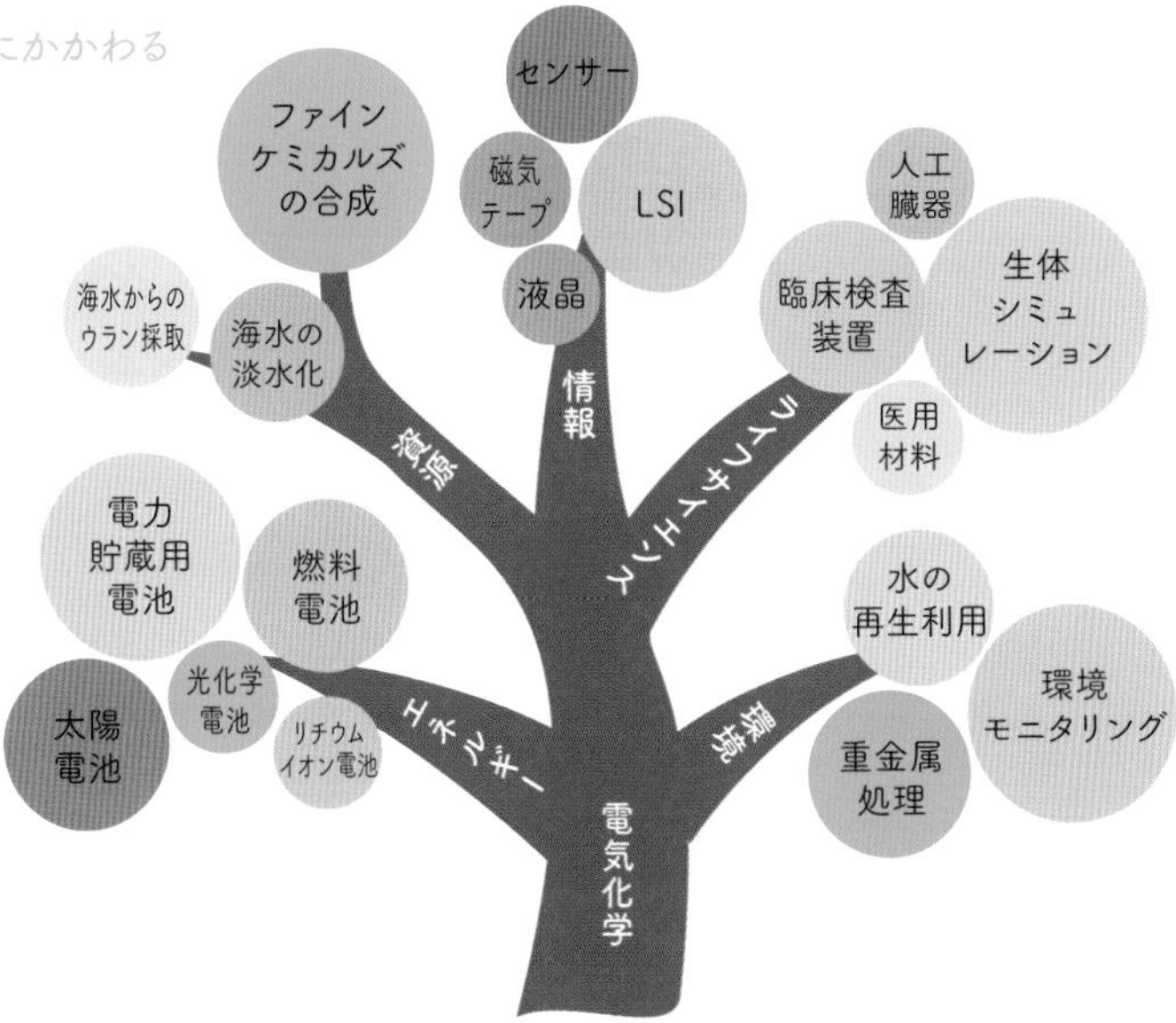

④電場によるケージ効果
電波のしゃ断や電子レンジ

◆ファラデーケージ効果のイメージ

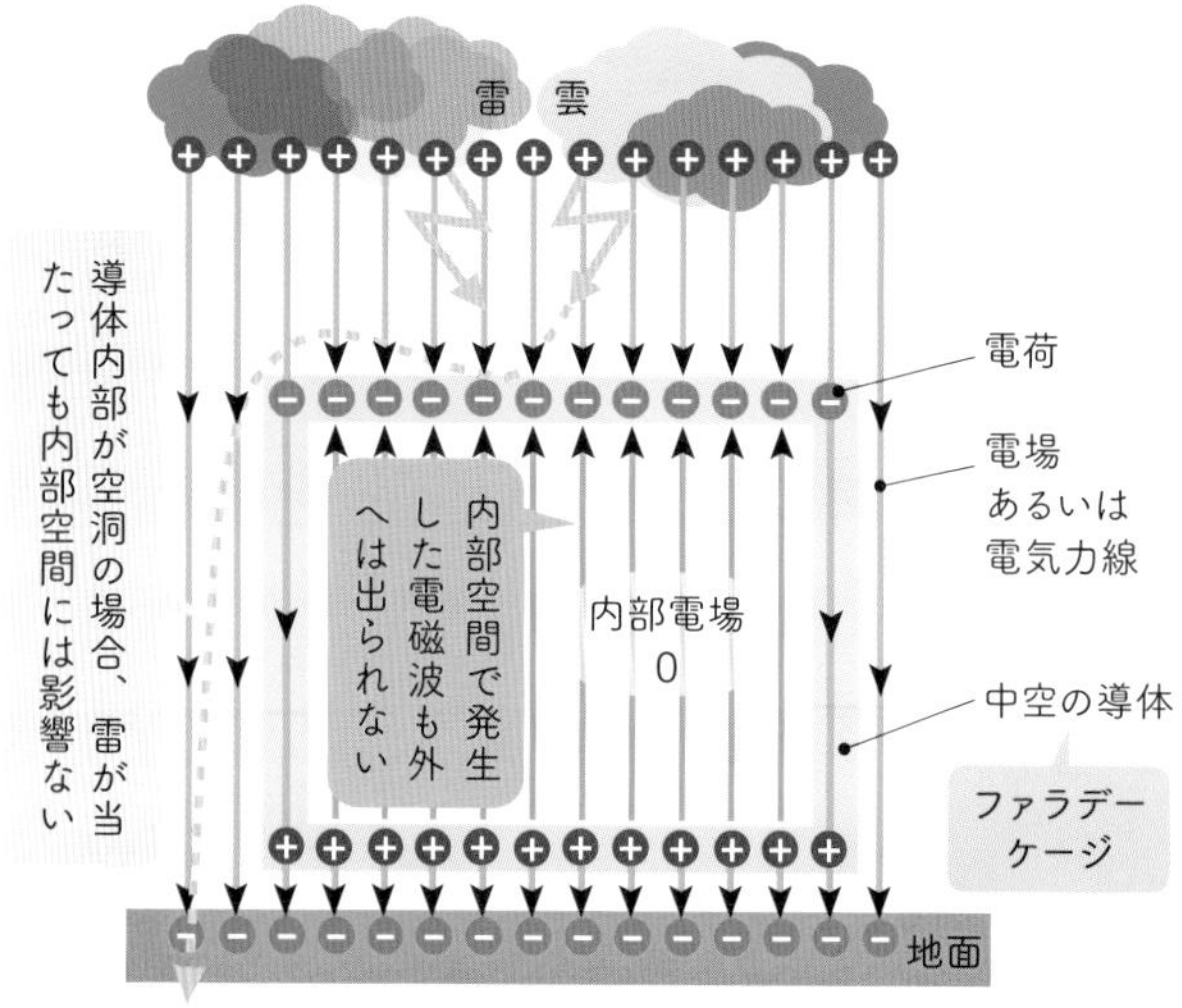

導体内部が空洞の場合、雷が当たっても、内部の空間に影響はない。電磁波も入り込めない。
逆に、内部の空間で電磁波を発生させても、外には出られない。

電場によるケージ効果電場とは、「①電気モーターの発明」でも解説したとおり、電気を帯びた物体のまわりの、電気の力がおよぶ領域のことです。この電場に、電気を通す物体、つまり導体が置かれると、その表面には「電荷（でんか）」とよばれる、「電気のもと」が発生します。電荷にはプラス（＋）の電荷（正電荷）とマイナス（－）の電荷（負電荷）があります。

この電荷によって、導体に新しい電場が生まれます（上図、橙色の矢印）。新しくできた電場は、もともとあった電場とちょうど逆向きになっています。ファラデーは、電気をおびた物体の電荷がその表面にしかないこと、それらの電荷は導体内部の空間には何も影響をおよぼさないことを発見しました。つまり、もし導体の内部が空洞だった場合、その空洞のなかは、外部からの電気的な影響をまったく受けなくなります。この状態を、「ファラデーケージ（ファラデーのかご）」といいます。

たとえば料理を温めるときに使う電子レンジ

◆身のまわりのファラデーケージ効果

（上）電子レンジ、
（下）車への落雷。

を見てみましょう。電子レンジのなかにはマグネトロンという、マイクロ波とよばれる電磁波を発生する装置が組みこまれています。このマイクロ波が料理のなかの水分子を高速で振動（しんどう）させることで熱となり、料理を加熱しています（上図）。もし、このマイクロ波が外にもれて人間の体に当たると、体内の水分を振動させてしまい熱が発生するので、とても危険です。そのため、電子レンジは導体の箱になるように、つまりファラデーケージになるようにつくられています。

また、車や飛行機に雷（かみなり）が落ちたとき、なかにいる人間が無事なのも、この原理のおかげです（下図）。車や飛行機は導体（金属）でできているので、ファラデーケージになっているわけです。ほかにも、エレベーターのなかで携帯（けいたい）電話が通じなくなるのも、ファラデーケージの効果によるものです。55ページで実験してみましょう。

⑤温度を下げる技術
塩素の液化からデュワーびんなどへ

◆ファラデーが塩素の液化に成功した実験（1823年）

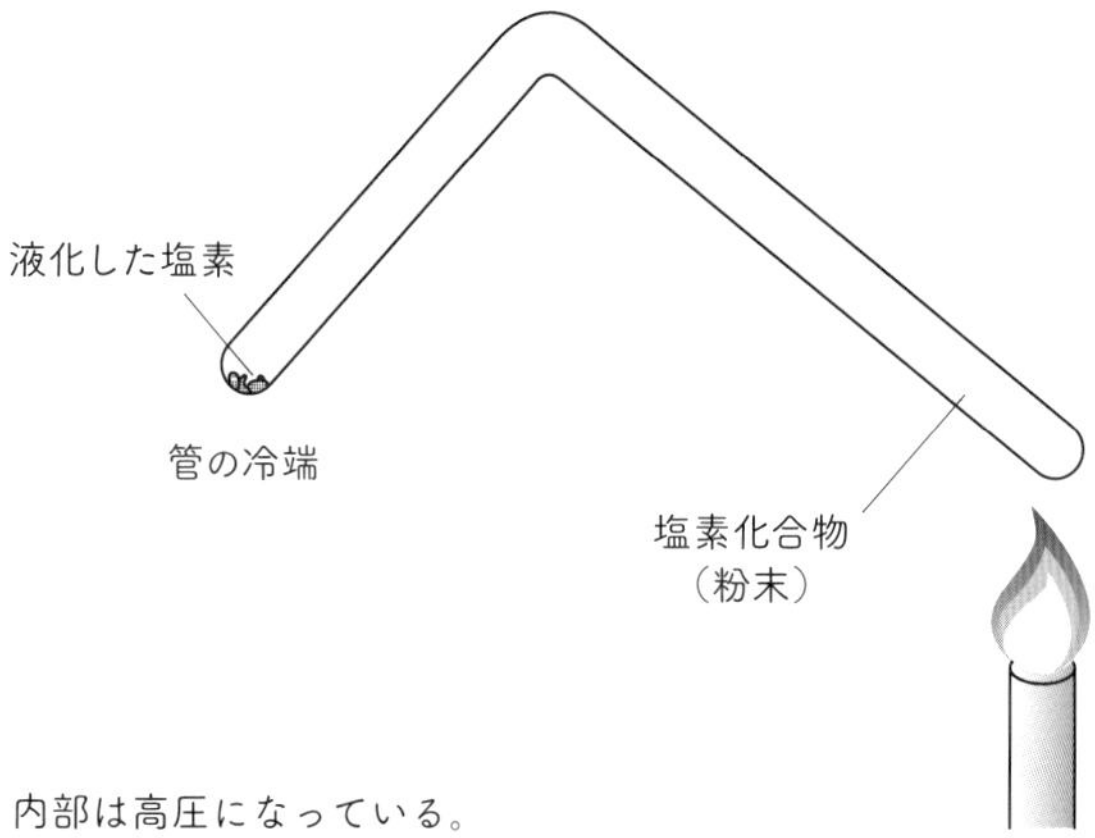

ファラデーが電磁気回転の研究（モーターの原型）で大きな成果をあげていた同じころ、師のデーヴィーは長年研究してきた塩素化合物の実験をファラデーに任せることにしました。1823年3月、デーヴィーの指示でファラデーは塩素化合物についての研究を開始しました。

まず、固体の塩素水和物をガラス管に入れ、密封して加熱してみました。ガラス管をヤスリで切ると爆発（ばくはつ）し、ケガをすることもあったそうです。しばらく後に彼は工夫して、このガラス管を折り曲げて一方に固体の試料を入れて熱してみました。すると図のように冷えているもう一方のガラス管の底に油状の液体がたまることを見つけました。これは塩素の液化が成功したことを意味します。これがデーヴィーの留守中の実験結果で、ファラデーは今までのように論文としてまとめ、帰国したデーヴィーに見せました。

その後、印刷された論文を見てファラデーは

◆低温物理学の発展

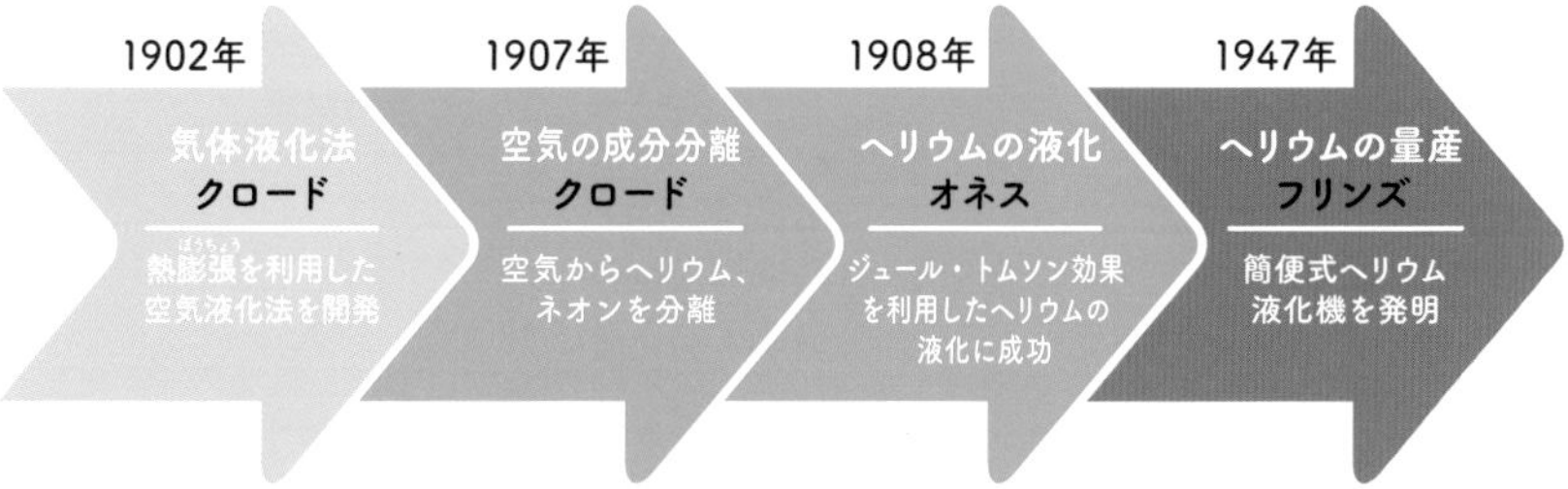

◆デュワーびんの構造

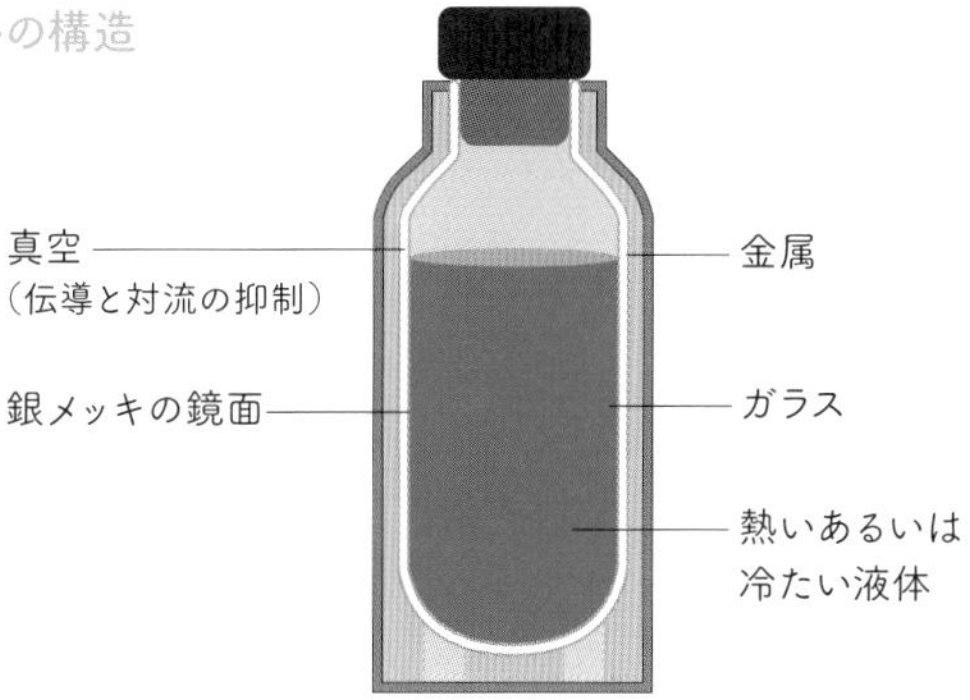

おどろきました。デーヴィーがアイデアは自分がだしたものだとする長文の文章を、論文の前に書き足していたのです。当時デーヴィーは王立協会の会長で、ファラデーは王立協会の会員候補に推薦されようとしていました。両者に確執があったのではないかと、多くのファラデーの伝記には記されています。なお、塩素の液化に最初に成功したのは１８０５年で、ノースモアという化学者によると、ファラデー自身が１８２４年の解説論文で報告しています。

ジェイムズ・デュワーは、ファラデー引退後の王立研究所化学教授に就任した人物で、酸素や水素の液化に成功したことで有名です。また１８９２年には、銀メッキガラスを二重にして、そのあいだを真空にしたデュワーびん（上図）を発明しました。これには、伝導や対流、放射による熱輸送を抑える効果があります。現在でも液体窒素の容器に使われており、身近なところでは魔法びんに原理が応用されています。

◆ファラデーの研究の応用：冷蔵庫の原理

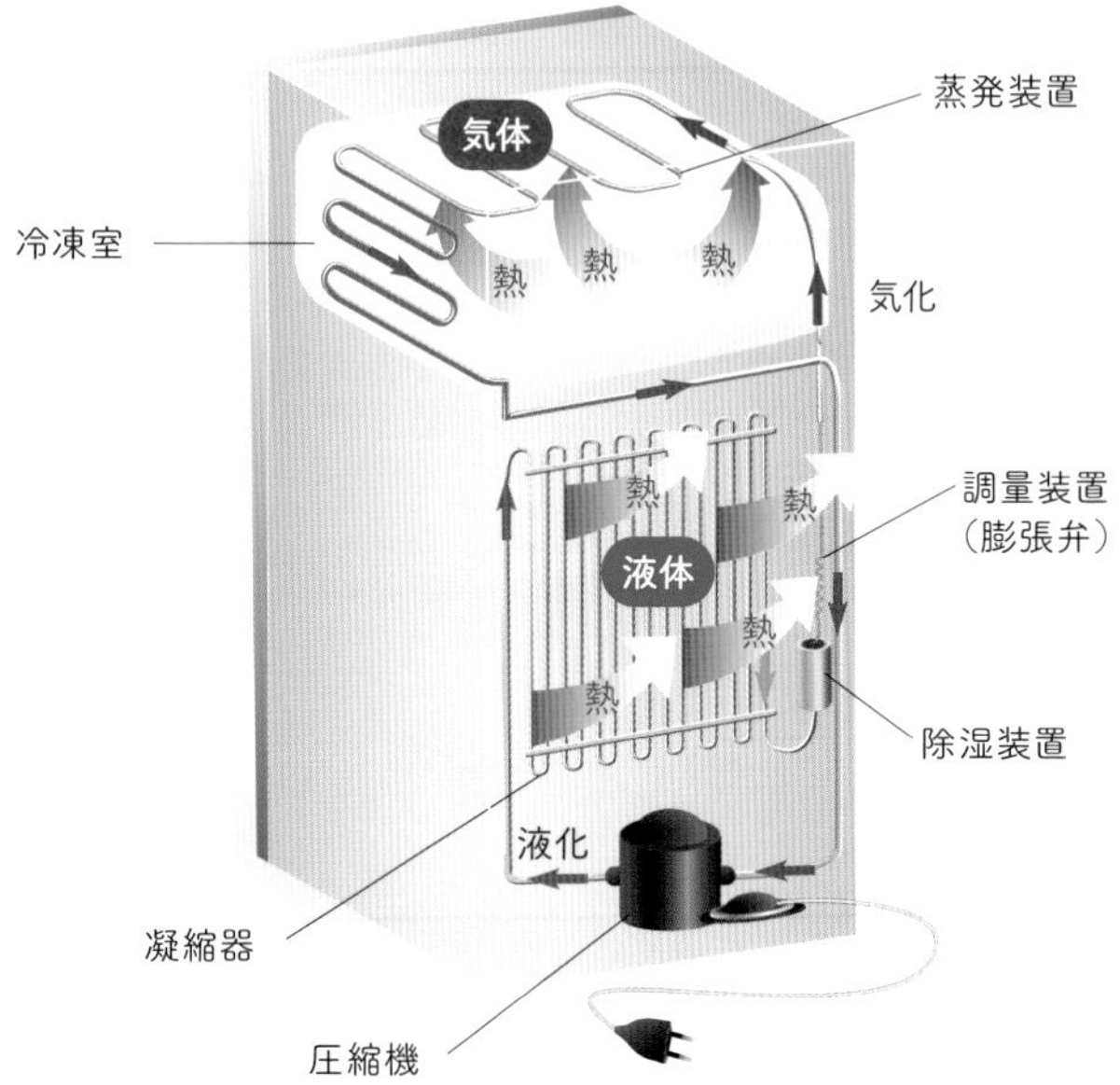

ファラデーが発見した気体の液化は冷蔵庫やエアコンに応用されています。

さて、ファラデーが研究した気体の液化は、現代の生活に欠かせない技術に成長しました。それが「温度を下げる技術」です。冷蔵庫やエアコンで冷やすときの原理には、アルコールが蒸発するときに冷たく感じる現象（気化熱がうばわれる）が利用されています。冷蔵庫（上図）では、蒸発装置で液体を気体にすることで、冷凍室のなかの熱をうばいます。そして、その気体は圧縮機で高圧にされ、冷蔵庫の背面で放熱します（凝縮熱）。この熱交換のサイクルをくり返すことで、温度を下げることができるのです。ファラデーが最初に発見した「気体の液化」は「温度を下げる技術」に直結する重要な発見だったわけです。

現在の冷蔵庫には、循環させる物質として代替フロン（ＨＦＣ）などの冷媒が使われています。冷媒には、効率よく熱交換ができる温度域をもっていることと、環境や人体に安全であることという条件が必要で、現在も研究開発が続けられている物質です。

実験③

非接触（ひせっしょく）ICカードの原理を使ってLEDを光らせる

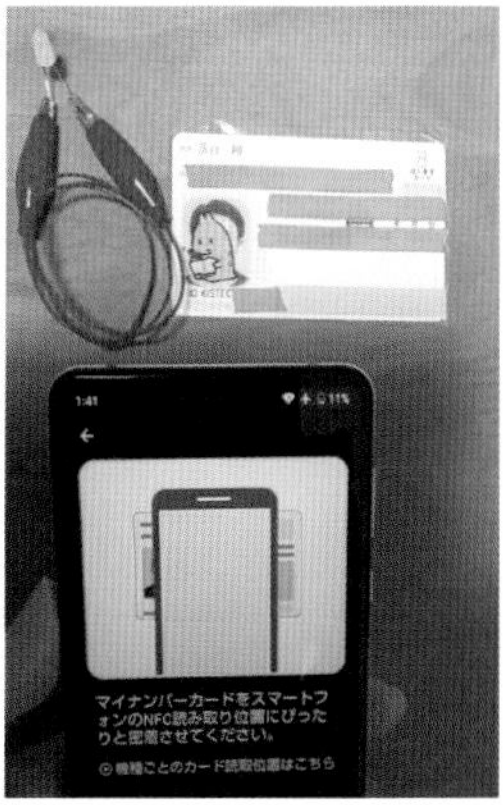

スマートフォン、非接触ICカード、LED（通販サイトで購入可能）、導線を用意。

ICカードを読み取る状態で、導線をつないだLEDを近づけると光る。

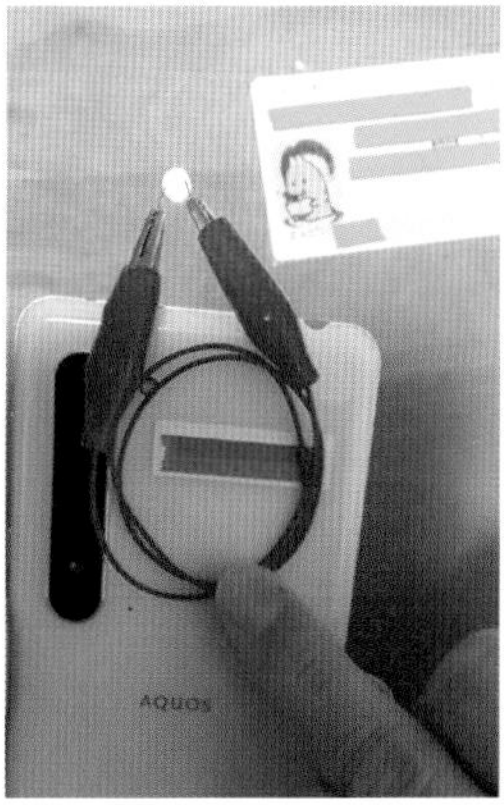

コイル状の導線に誘導電流が流れている。

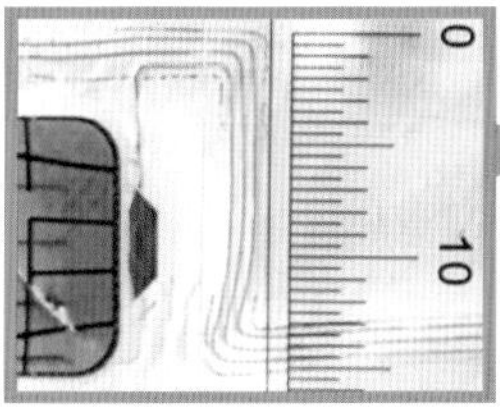

コイル状に回路が埋めこまれている

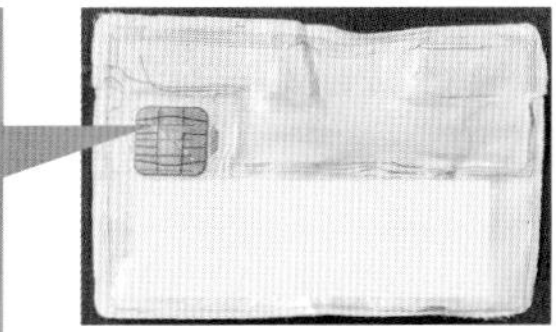

カードの表面を特殊な薬品ではがしたところ

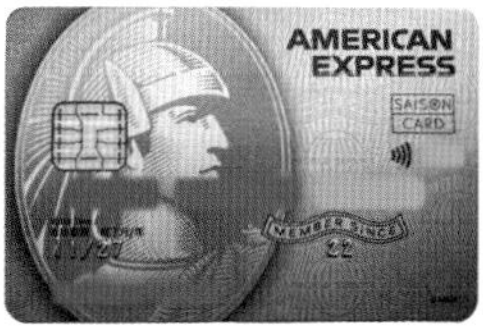

ICチップつきクレジットカード

駅の改札などのICカード読み取り機のしくみを利用して、LEDを光らせてみましょう。

スマートフォンをICカードを読み取る画面にしておきます。カードの代わりにコイル状に導線をつないだLEDを当てると、LEDが光ります。

ICカードの表面をはがしてみると、ICチップには細い導線がつながっています。さらに、カードをふちどるようにコイル状に回路が埋め込まれていることがわかります。このコイルに誘導電流が流れることで、ICチップと情報をやりとりしています。

⑥ベンゼンの発見

有機化学工業製品の製造

◆ベンゼン（C_6H_6）の構造と略記法

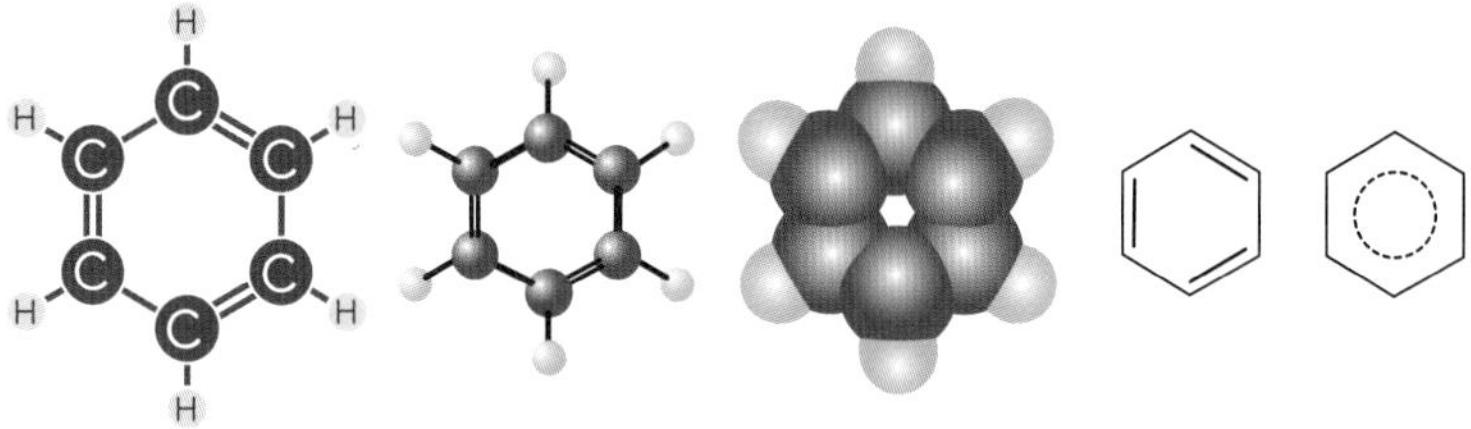
H
C
H
H
H
H
H

◆ベンゼンについての歴史

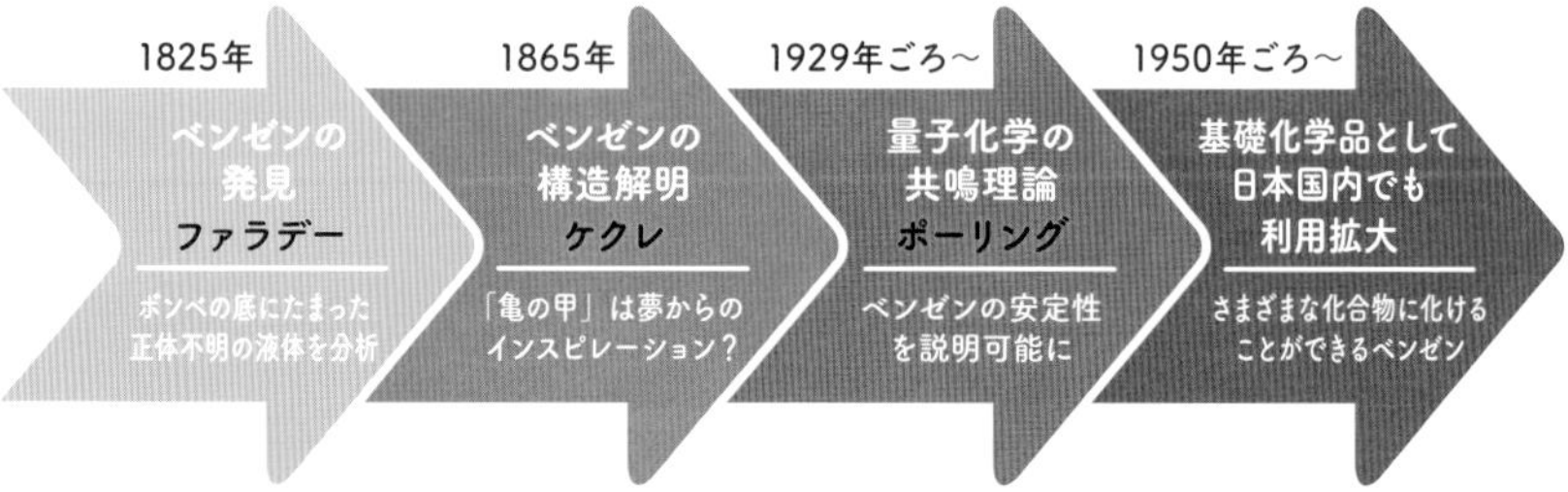
1825年
ベンゼンの
発見
ファラデー
ボンベの底にたまった
正体不明の液体を分析
1865年
ベンゼンの
構造解明
ケクレ
「亀の甲」は夢からの
インスピレーション？
1929年ごろ〜
量子化学の
共鳴理論
ポーリング
ベンゼンの安定性
を説明可能に
1950年ごろ〜
基礎化学品として
日本国内でも
利用拡大
さまざまな化合物に化ける
ことができるベンゼン

ロンドン市内のガス灯事業にはファラデーの兄ロバートもかかわっていました。鯨油から得たガスを30気圧下でボンベにつめて配る事業です。ファラデーは兄から使用後のボンベの底に液体が残ると聞いていました。1825年、ファラデーが34歳のころ、ガス会社の役員からこの液体の正体について調べてほしいと依頼され、研究をはじめました。

ファラデーはこの液体の温度を上げて分留したところ、おもに86℃で気化する、炭素と水素だけからなる新しい物質で、炭素と水素の割合は2：1であると結論づけました。ただし、当時は炭素の重さを水素1に対して6としていたため、二炭化水素C^2Hと命名しました。炭素を12とすればCHとなり、現在知られているC^6H^6のベンゼンであることがわかります。1825年4月26日に研究を開始し、5月24日にはこの組成を決めています。このことから、ファラデーがいかにスピーディーに研究を進めていたのかがよくわかるでしょう。

◆ベンゼン構造をふくむ化合物

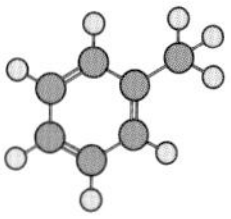

トルエン
$C_6H_5CH_3$

無色透明の液体
溶媒やさまざまな有機化合物の原料
融点－94.97℃
揮発性がある

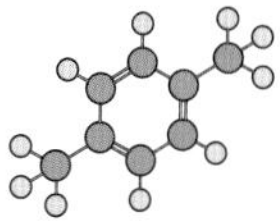

パラキシレン
$C_6H_4(CH_3)_2$

3つの異性体（オルト・メタ・パラ）
医薬品などの原料
融点13℃（パラキシレン）

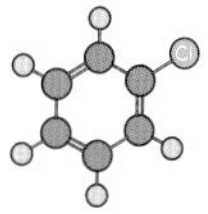

クロロベンゼン
C_6H_5Cl

合成中間体クロロニトロベンゼンの原料
融点－45.2℃

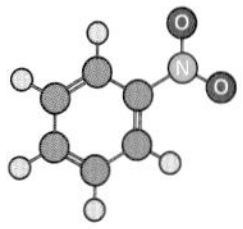

ニトロベンゼン
$C_6H_5NO_2$

ゴム・殺虫剤・農薬などの原料
融点 5.85℃

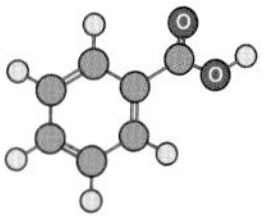

安息香酸
C_6H_5COOH

保存料（防腐剤）、染料・医薬品・香料などの原料
融点 123℃
（100℃から昇華）

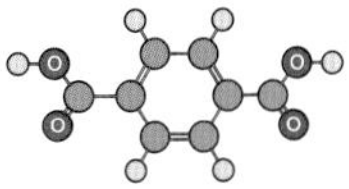

テレフタル酸
$C_6H_4(COOH)_2$

ポリエチレンテレフタラート（PET、ポリエステル）の原料昇華点300℃

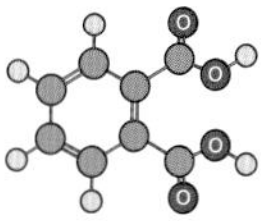

フタル酸
$C_6H_4(COOH)_2$

無水フタル酸として合成樹脂・染料・医薬品の原料
融点 234℃

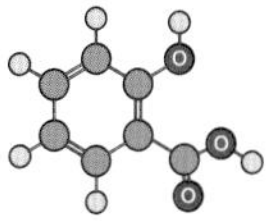

サリチル酸
$C_6H_4(OH)COOH$

保存料（防腐剤）、染料・医薬品・香料などの原料
融点 159℃

ベンゼンが正六角形の亀の甲構造であることは、その後1865年にドイツのケクレによって明らかにされます。化学工業に欠かせない有機化学の基本物質の代表であるベンゼンをファラデーが発見していたことは驚きです。

ベンゼン分子は正六角形の平面構造をもった有機物で、単結合と二重結合を交互に書いて表します。このような熱力学的に安定な環（芳香環）を分子中にもつ炭化水素を、芳香族炭化水素といいます。ベンゼン自体は独特な臭いをもつ無色の液体で、有機溶媒として用いられていますが、発がん性があるため、注意が必要です。ベンゼンは最も基本的な芳香族化合物で、多くの化学物質がベンゼンから合成されています。ベンゼンの水素ひとつをCH_3基に置換したトルエン（メチルベンゼン）$C_6H_5CH_3$は溶媒として用いられていますし、水素2つをCH_3基に置換したキシレン〔ジメチルベンゼン$C_6H_4(CH_3)_2$〕も重要な化合物です。

◆ベンゼンからつくられる高分子の原料

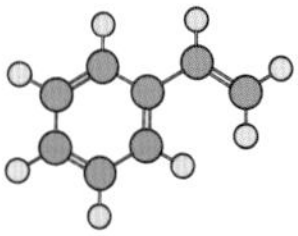

スチレン

$C_6H_4CH=CH_2$

高分子を重合するための原料
融点 −30.6℃

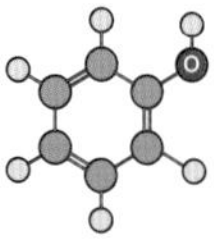

フェノール

C_6H_5OH

クメン法でベンゼンから合成
プラスチックや医薬品・染料などの原料
融点 40.5℃

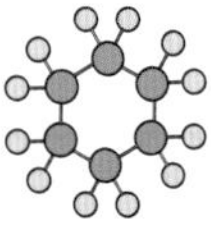

シクロヘキサン

C_6H_{12}

ベンゼンを水素化してつくる
ナイロンなどの原料
沸点 80.74℃

◆ベンゼン構造がふくまれる製品たち

PET

洗剤

プラスチック類

潤滑油

接着剤

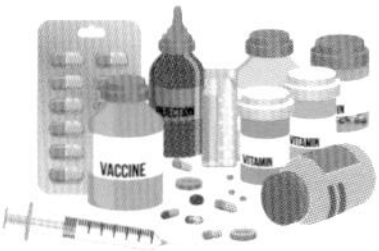

医薬品

　ベンゼンに塩素や硝酸を反応させて、クロロベンゼンやニトロベンゼンをつくるハロゲン化やニトロ化も重要な反応で、これらの化合物から有用な誘導体がつくられます。芳香環の水素分子をヒドロキシ基で置き換えたフェノールはクレゾールやナフトールとして知られています。一方、カルボキシ基（COOH）で置換した芳香族カルボン酸も上図のように、いろいろな用途に使われています。

　プラスチック原料としてのスチレンや、樹脂や接着剤の原料としてのフェノール、ナイロン製造に用いるシクロヘキサンなども、ベンゼンが元になっています。そのほか、ゴムや潤滑剤、色素、洗剤、医薬品、爆薬、殺虫剤などの製造にもベンゼン類は用いられています。身のまわりにあるさまざまな化学製品（有機化合物）はベンゼンの環構造をもっています。

実験④ で電池をつくろう

十円硬貨と一円硬貨のあいだに食塩水をしみこませた紙か布をはさんで重ね、電池をつくってみよう。

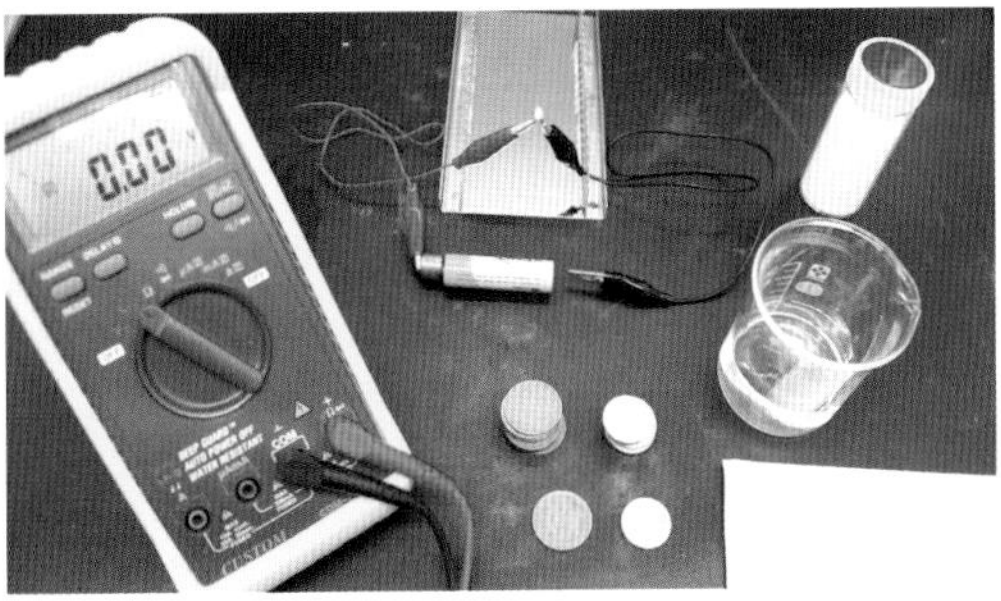

●十円硬貨と一円硬貨で電池をつくる

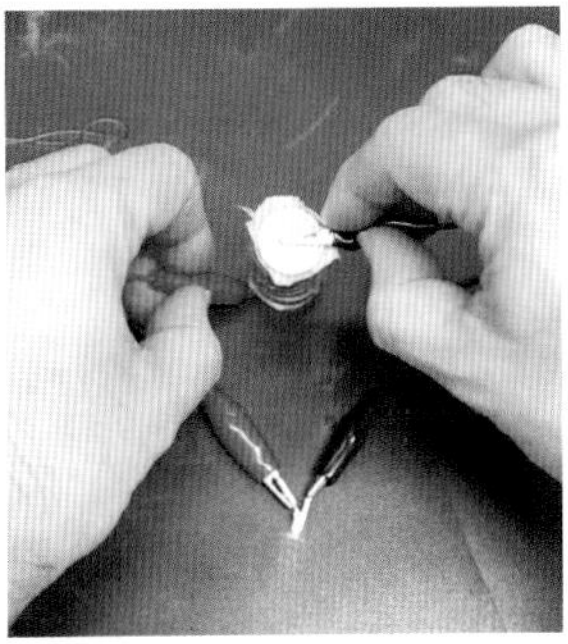

●LEDが光った！

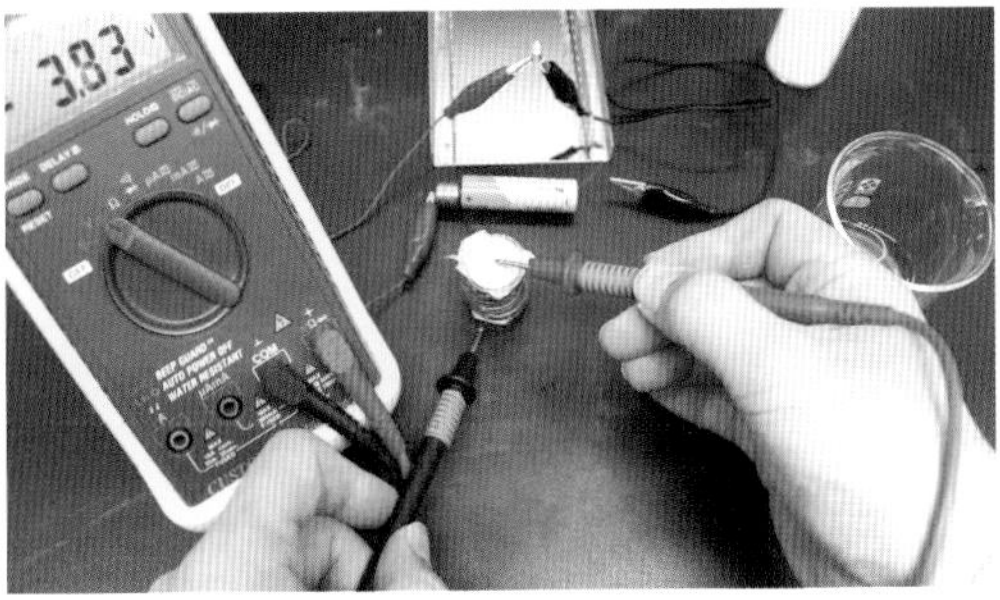

●3.83ボルトの電圧が確認できる

水を電気分解すると水素と酸素ができます。実験室では金属電極と酸溶液で回路をつくり、電気分解をしていますが、逆の反応が電池です。身近なものでも電池はつくれます。十円硬貨と一円硬貨のあいだに、食塩水をしみこませた紙や布をはさむだけ。漢数字の見た目どおり、十円が＋極、一円が－極になり、0.5ボルトほどの電圧が生まれます。

十円硬貨と一円硬貨でつくった電池をたくさん重ねると、水を電気分解するだけでなく、LEDなども光らせることができます。ファラデーは20歳のとき、7枚の半ペニー貨と7枚の亜鉛シートに6枚の塩水をひたした紙をはさんで積みあげた電池を試作し、これを使って硫酸マグネシウムを電気分解しました。

⑦半導体現象の発見

◆半導体の電気的な性質

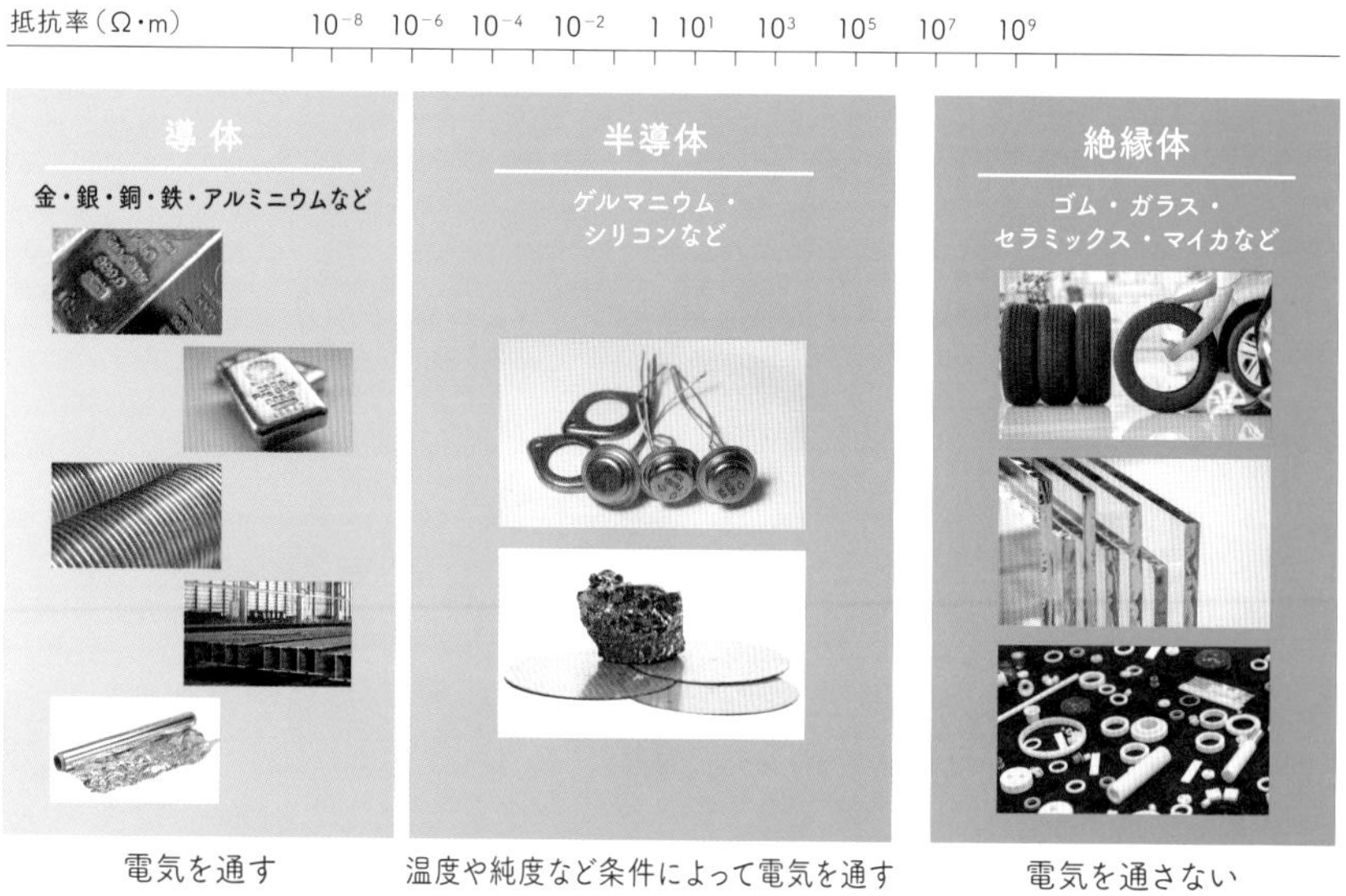

電気の通しやすさ（電気伝導）から、物質は3つに分類することができます。銅やアルミニウムなど電気を通すものを「導体」、ガラスや陶器、プラスチックなどの電気を通さないものを「絶縁体（不導体）」といいます。一方、半導体はこれらの中間的な性質を示す物質で、特定の条件下で導体のような性質になります。

　半導体は温度によって抵抗率が変化します。低温ではほとんど電気を通しませんが、高温になると電気を通しやすくなります。また、不純物を混ぜて抵抗率を制御することもできます。このような性質はコンピュータをつくるうえでとても重要になります。

　ファラデーはいろいろな物質に対して、抵抗率の温度特性を調べていました。そのなかで、硫化銀という物質を使った実験で、物質の温度が上がるにつれて抵抗率は下がることを発見しました。この現象は当時すでに知られていた金属、つまり導体とは逆のふるまいであり、導

◆電気伝導度の温度特性

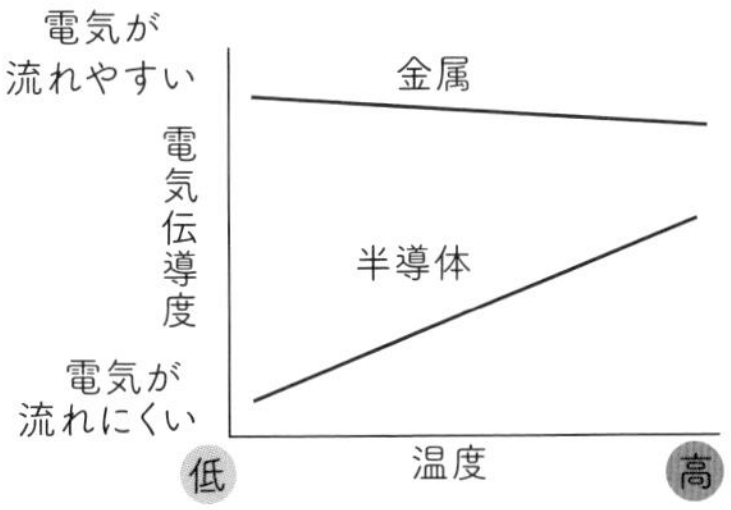

◆ファラデーの日誌に記録された硫化銀の実験のようす

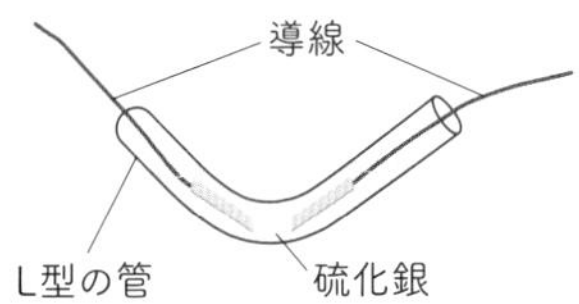

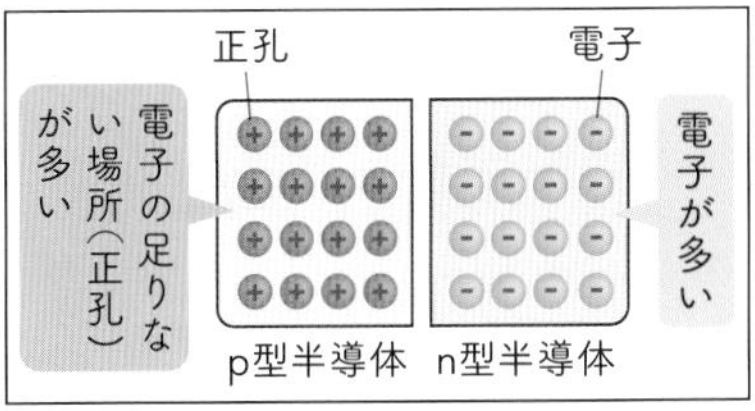

◆pn接合ダイオードの電流−電圧特性

半導体にはp型、n型の２種類がある。

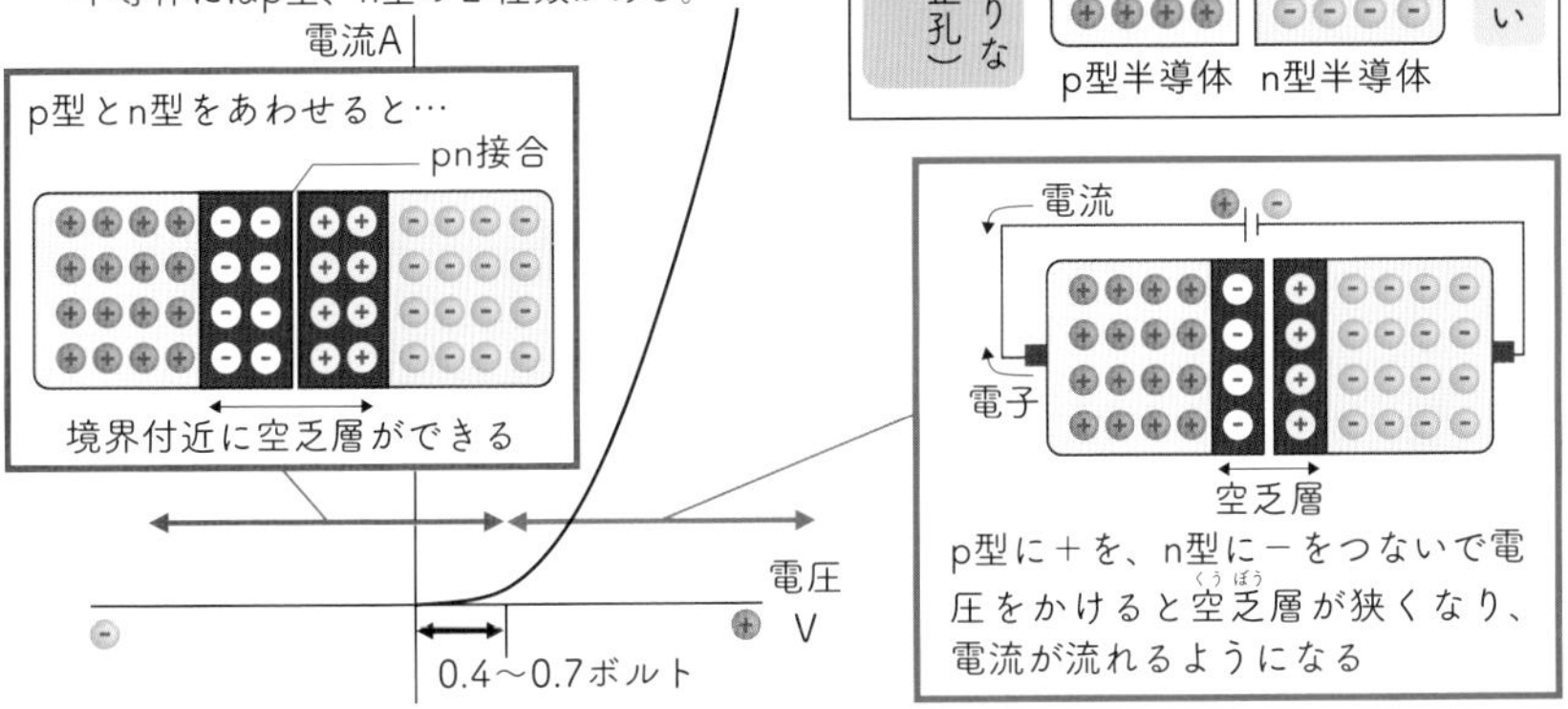

体とも絶縁体とも異なる性質を発見したことになります。

しかし、ファラデー自身はこの発見に気づいていたものの、これがなぜ起こるのか、そして何に利用できるかまでは理解していませんでした。現に、こうした半導体現象が工業的に利用されるのは、この発見から100年以上もあとのことになります。

1960年ごろまでラジオやテレビをはじめとするエレクトロニクス機器は、おもに真空管を用いて電気を増幅していました。一方向に電流を流す作用を整流作用といいます。真空管の整流作用により、わずかな電気の変化で電圧や電流を制御していたわけです。その後、次第に量子力学の考えが固体物理学にも適用されるようになります。ファラデーが見いだした半導体材料はシリコンを中心に研究されてきました。バンド理論を用いて、n型半導体およびp型半導体が説明されるようになりました。

半導体の整流作用や増幅作用が明らかにさ

◆社会全体に広がる半導体

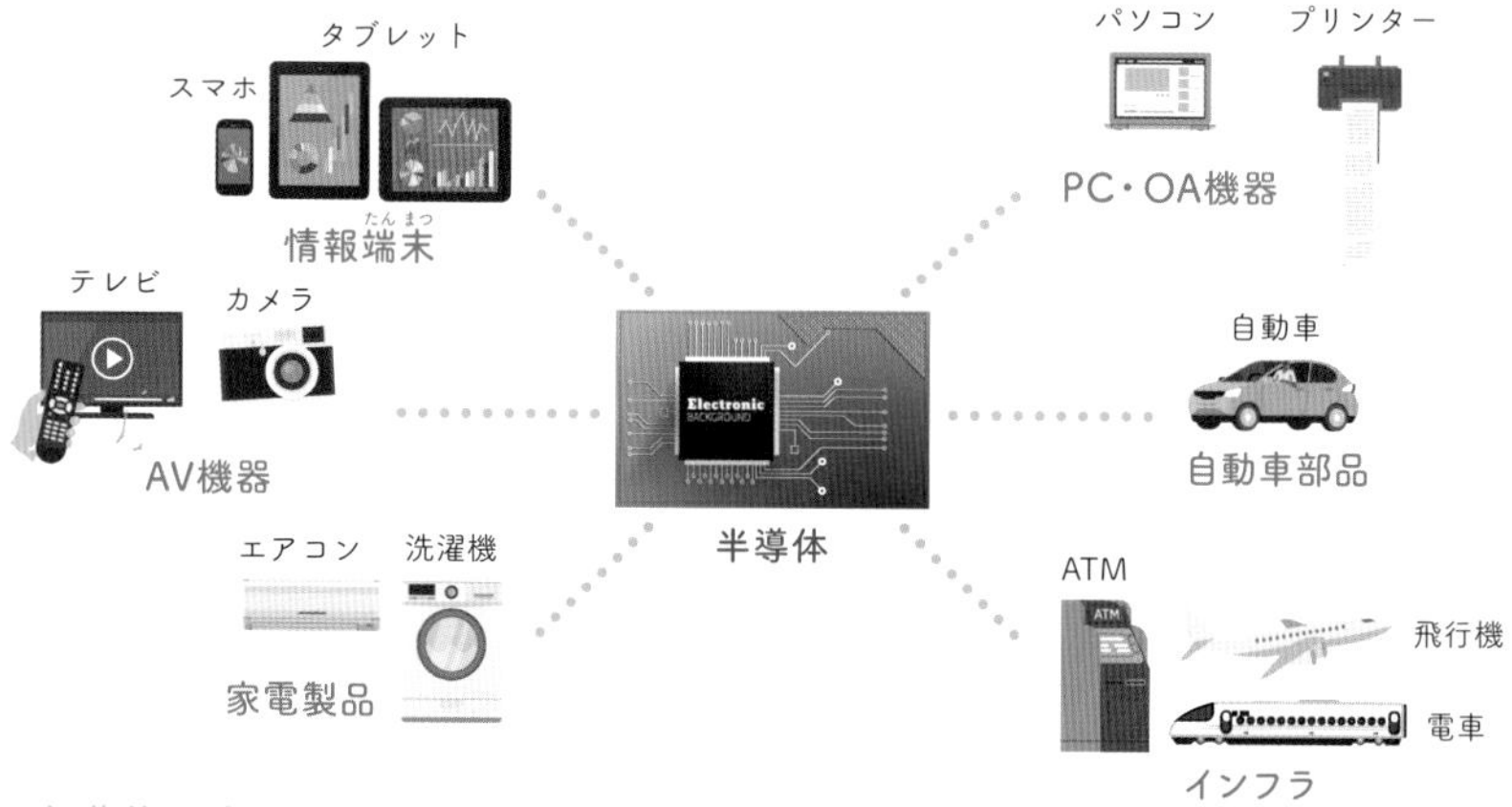

◆半導体研究の歴史

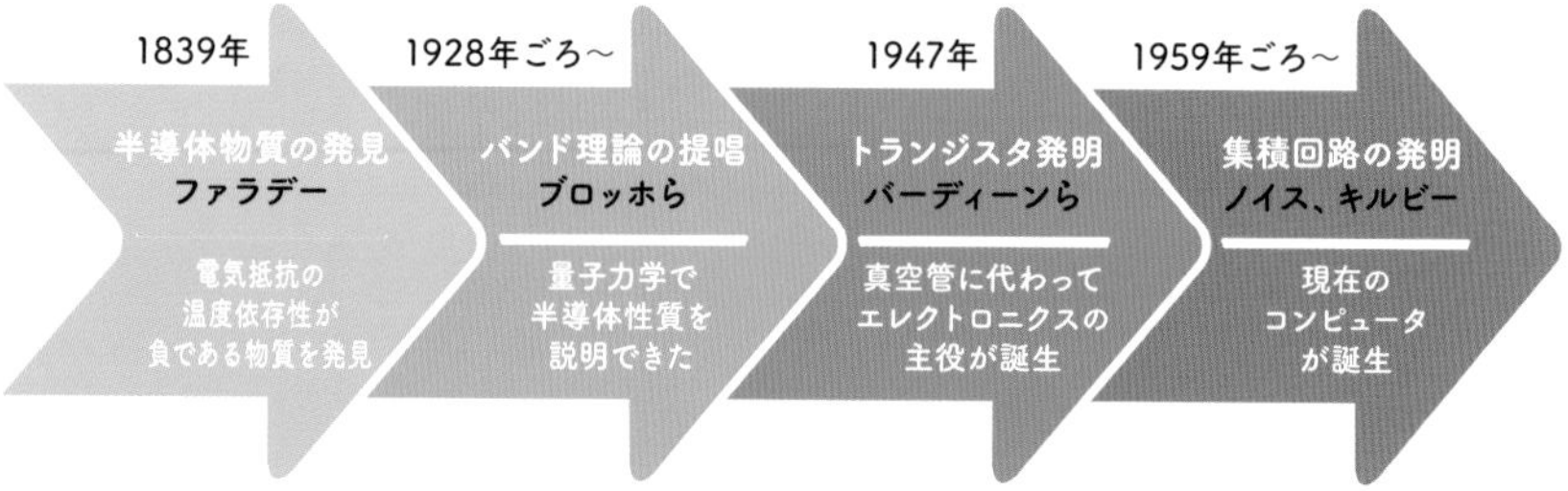

れ、トランジスターがつくられるようになりました。シリコン基板上に多数の回路を作製する集積回路（IC）の概念は、1958年テキサス・インストルメンツ社のキルビー特許に始まるといわれています。彼の提案したフォトリソグラフィーとよばれる加工技術の発展が、これまでの材料の製造や素子の組み立て方の概念を根底からくつがえしました。

安価で膨大な数のトランジスターを包み込んだ、信頼性の高いICが出現し、これこそが情報化社会を現実のものにした最大の要因です。

ICもさらに進んでLSI、超LSIとなり、コンピュータやテレビ、スマートフォンなどのエレクトロニクス製品には、多種多様な「素子」が用いられています。

情報化社会では情報や知識は大量に、かつ迅速に集められ、必要に応じて取捨選択されて、必要としている人のもとに届けられます。その基本材料こそが半導体であり、ファラデーが1839年に最初に見いだした材料なのです。

実験5 硫化銀は温度を上げると抵抗が下がる

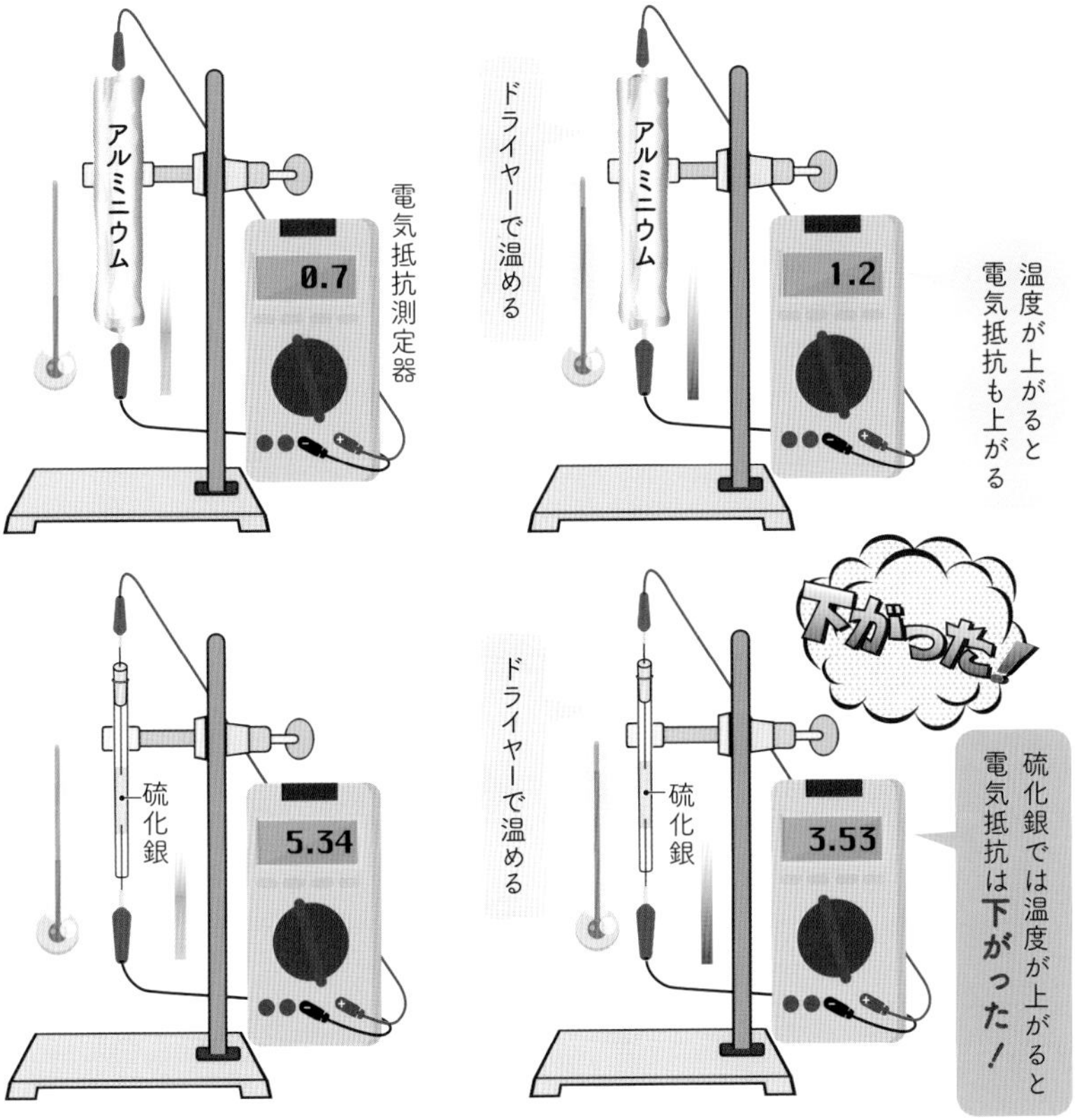

導体の一種であるアルミニウムをドライヤーなどで温めると、電気抵抗は上がります。一方、半導体の一種である硫化銀を同じようにドライヤーで温めると、今度は電気抵抗が下がります。

1833年ごろのファラデーの日誌を読むと、彼はさまざまな銀化合物に対して電気抵抗率の温度特性を調べており、硫化銀だけがほかとは異なる性質を示したと記録されています。

努力の甲斐あって発見されたこの性質は、100年以上たったころ、半導体という名でエレクトロニクス分野で活躍しました。

⑧光通信のはじまり
ファラデー効果、場の概念、電波

◆マクスウェル方程式

(1) ガウスの電場の法則 $\nabla \cdot E = \dfrac{\rho}{\varepsilon_0}$

(2) ガウスの磁界の法則 $\nabla \cdot B = 0$

(3) ファラデーの法則 $\nabla \times E = -\dfrac{\partial B}{\partial t}$

(4) アンペールの法則 $\nabla \times B = \mu_0 j + \varepsilon_0 \mu_0 \dfrac{\partial E}{\partial t}$

ジェームズ・クラーク・マクスウェル
(1831~1879)

E : 電場
B : 磁束密度
ρ : 電荷密度
j : 電流密度
ε_0 : 真空の誘電率
μ_0 : 真空の透磁率

あらゆる電磁気現象を説明することが可能。マクスウェルは33歳でこれを発表した。

◆通信技術の歴史

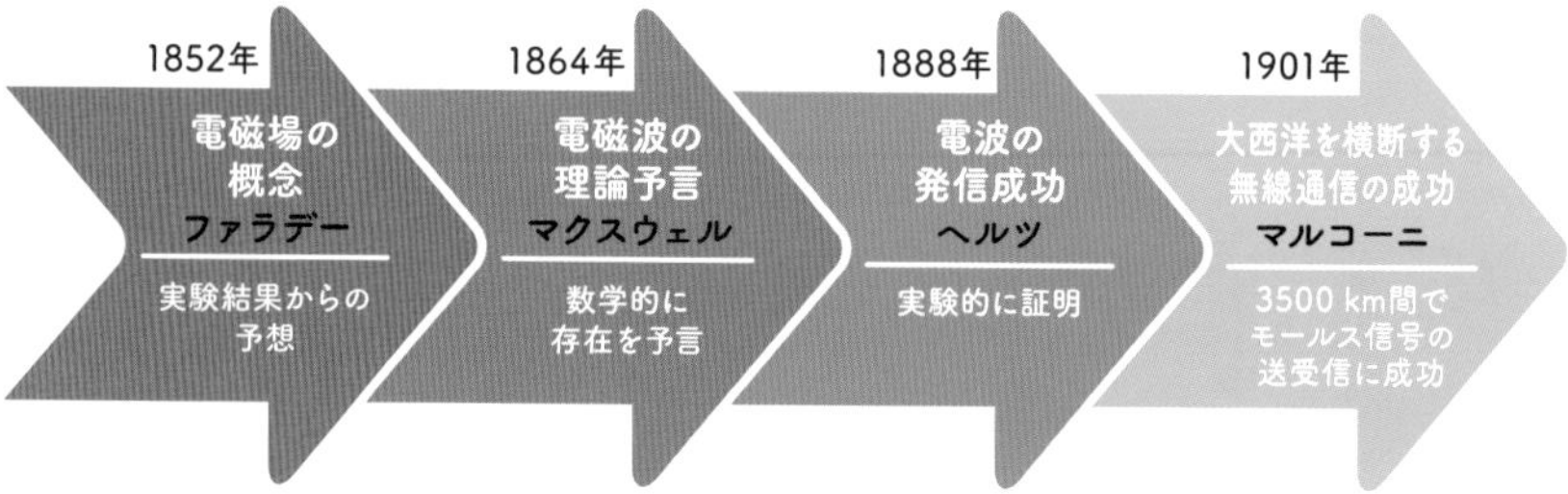

ファラデーの電磁気学におけるこれまでの功績は、現在のモーターや発電機などの発明につながる発見だけにとどまらず、私たちの生活を支える通信技術の発明にもつながっています。

「①電気モーターの発明」と「②電磁誘導による発電」で紹介したように、ファラデーは電磁誘導をはじめとする電気と磁気の相互作用の実験から、場の概念（がいねん）や電気力線の概念を提唱しました。しかし、ファラデーは巧みな実験センスをもつ一方で、数学的な素養には欠けており、自身の理論を数学的に説明することができませんでした。

そんなところに現れたのが、若き物理学者ジェームズ・クラーク・マクスウェルです。彼はファラデーとは対照的に裕福な家庭に生まれ、英才教育を受けて育ちました。16歳で大学に入学し、数学や物理学を専門としました。卒業後にはファラデーの提唱した磁気力線に関する論文を発表し、これがきっかけとなって、

◆ヘルツによる火花放電の実験

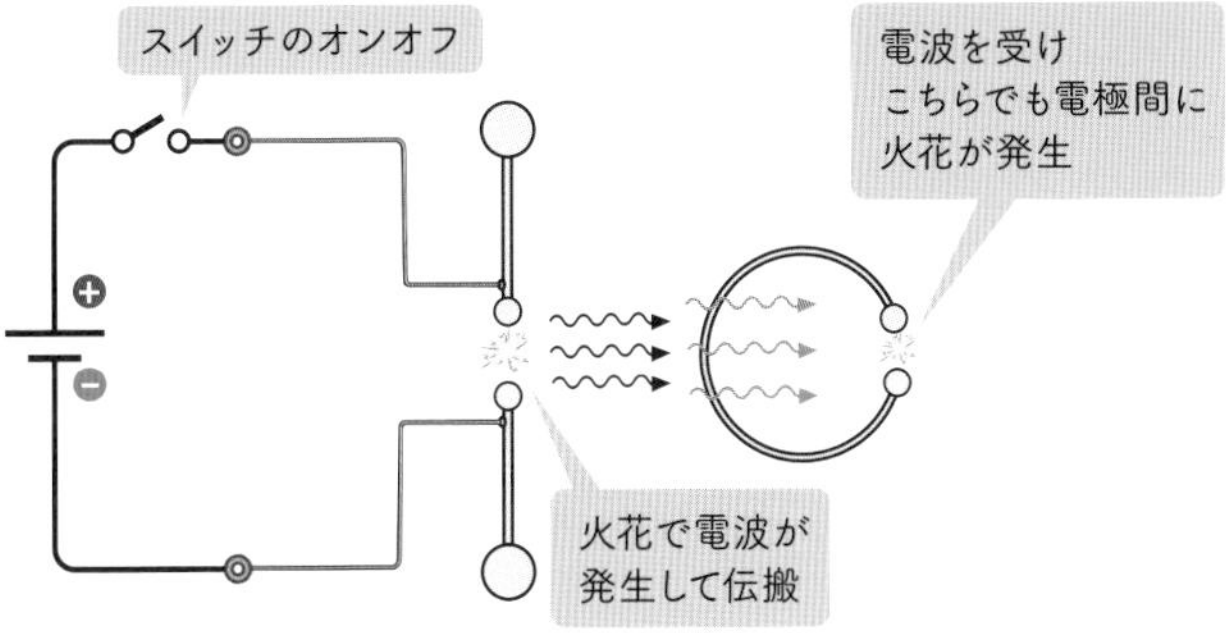

◆通信システムのうつりかわり

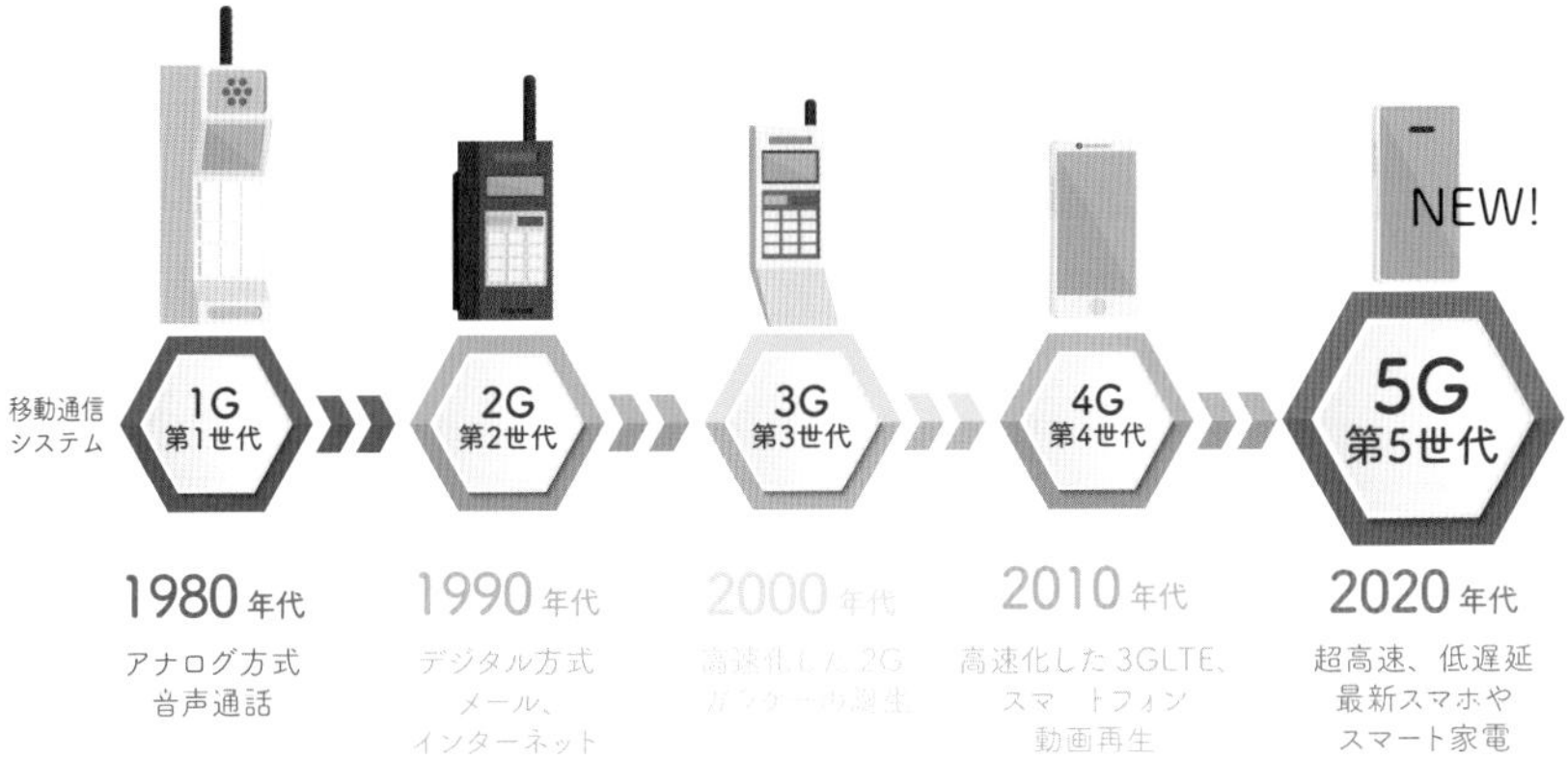

ファラデーとのあいだに交流が生まれます。その結果、マクスウェルはファラデーが提唱した場の概念や電気力線の概念などを数学的にモデル化し、4つの式からなるマクスウェル方程式を完成させました。この方程式は現在でも電磁気学の基本方程式であり、あらゆる電磁気現象を説明することができます。

また、マクスウェルは4つの方程式を発表した自身の1864年の論文「電磁場の動力学的理論」で電磁波の存在を数学的に予言しました。マクスウェルが予言した電磁波の存在を実証したのは、ドイツの物理学者ハインリヒ・ヘルツです。彼は火花放電装置を用いて電磁波の検出に成功し、1888年に論文として発表して電磁波の存在を実証しました。また、この実験では数メートル単位ですが、電波の発信と受信に成功しています。しかし、ヘルツ本人はこの現象をそれ以上研究することはなく、実用的な価値、つまり無線通信技術に応用できることには気づいていなかったようです。彼の死後、

◆電磁波の分類

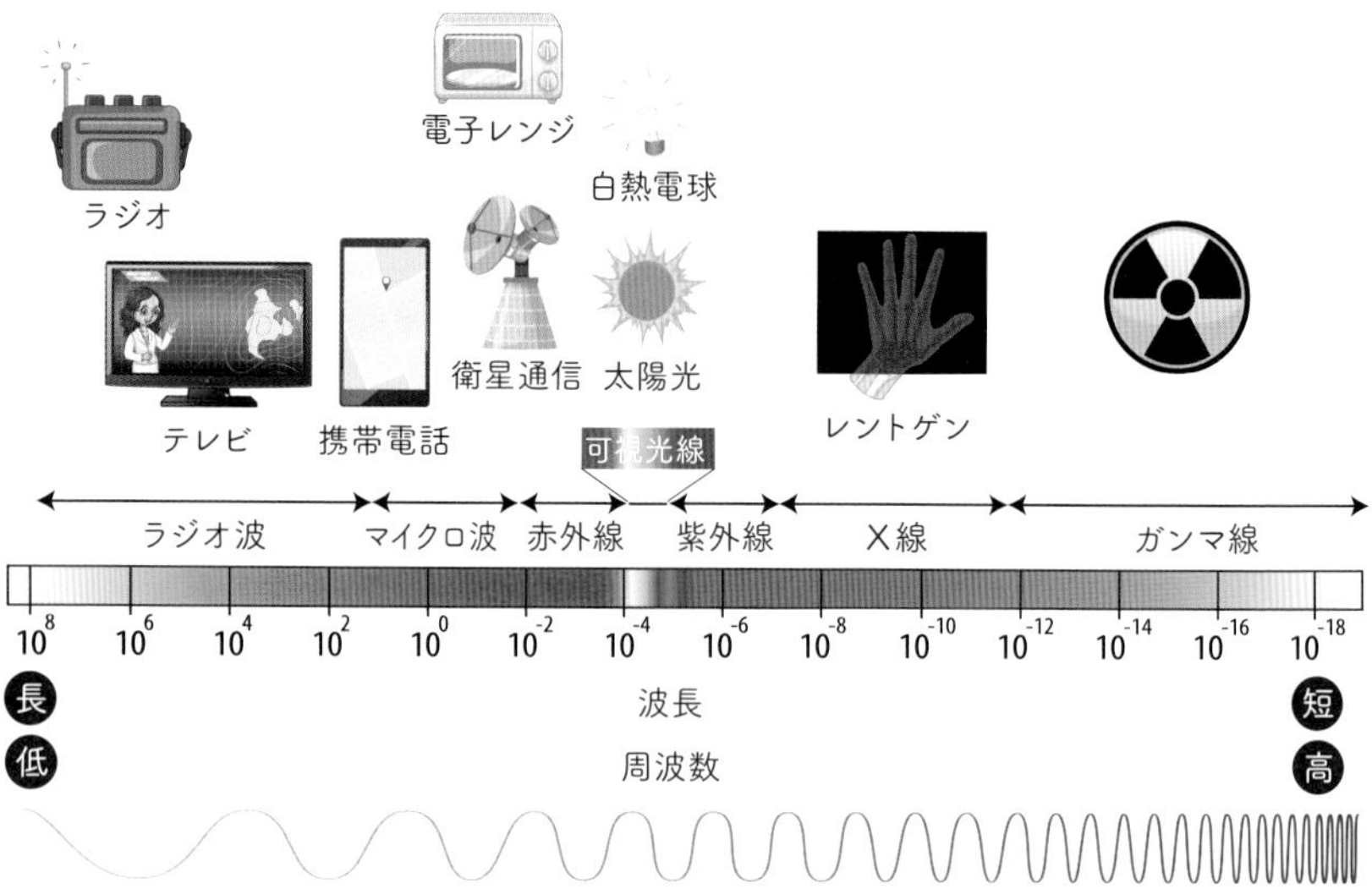

1901年にイタリアのグリエルモ・マルコーニがこの原理を応用して大西洋横断の無線通信に成功しました。ここから無線通信時代が始まったわけです。

さて、彼らが見つけてくれた電磁波ですが、今では私たちの生活には不可欠な存在となっています。特定の電磁波は目には見えません。一方、その波は遠くまで届く性質があることから、さまざまな通信技術に用いられています。スマートフォンで使用されている通信技術が一番身近かもしれませんね。そのほかに、上図で示した衛星通信やテレビ、ラジオ、インターネットやwi-fiなども、彼らの功績から発展したものです。

太陽光も電磁波の一種です。ヒトの目は、紫から赤までの光を見ることができ、この光のことを可視光線といいます。物質は高温になると光をだしますが、その温度によって出てくる光の波長は異なります。太陽の表面温度は約6000度で、可視光線を多くだしています。

実験⑥ ファラデーケージで電磁波をしゃ断する

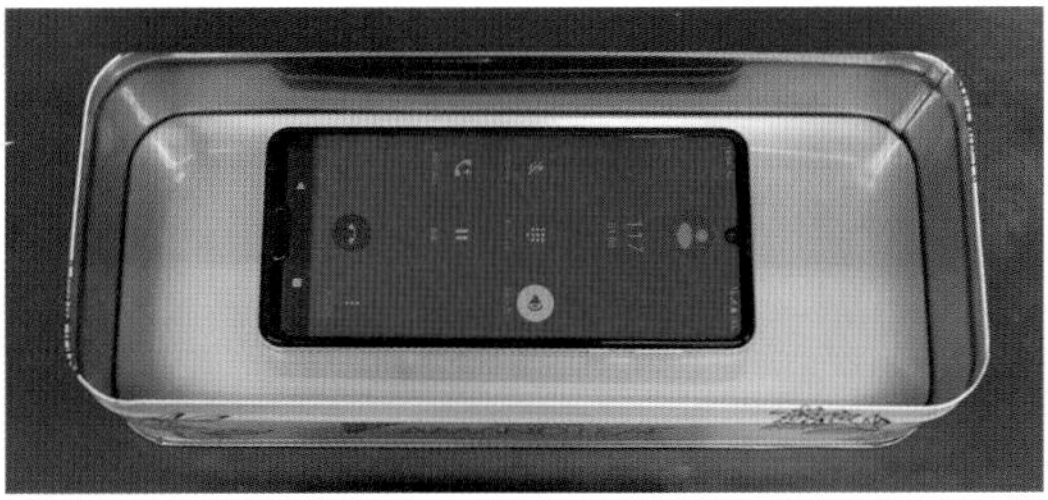

時報が鳴るように設定する

ふたを閉めると時報は聞こえない

ふたを閉めたときに圏外となり、通信が切れていた

金属の缶のなかにスマートフォンを入れ、時報の音声が鳴り続けるように設定します。これで、スマートフォンは電磁波をつねに受信している状態になります。

缶のふたを閉めると、スマートフォンは導体でできた箱（ファラデーケージ）のなかに閉じ込められます。なかには電磁波が入らず、時報の音声は聞こえなくなります。

ふたを開けると、スマートフォンの通信が切れていました。これは、ふたを閉めたときに電波が届かなくなった（圏外になった）ためです。缶がファラデーケージになっていたことがわかります。

⑨磁性の発見
強磁性体、常磁性体、反磁性体

◆ファラデーの日誌の余白に描かれた反磁性体に関する図
（1845年11月4日）

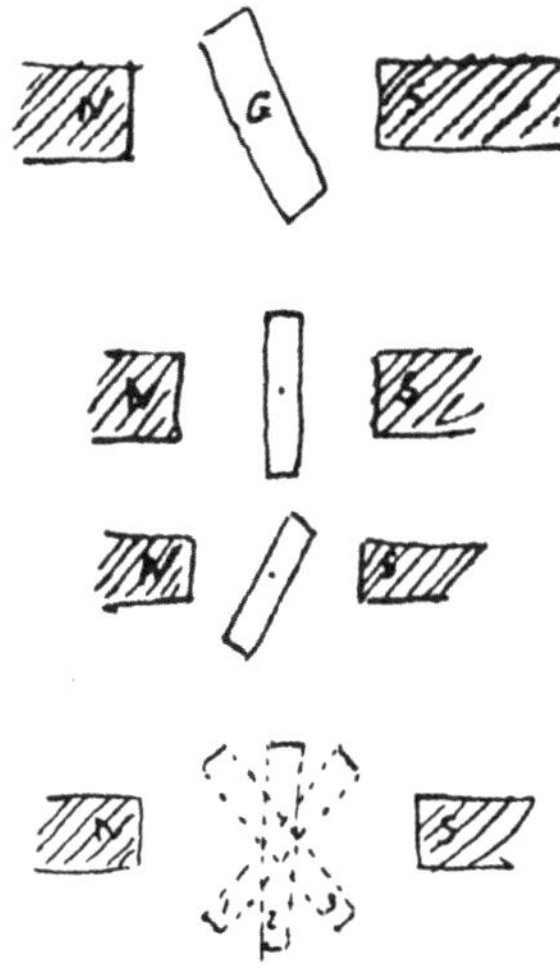

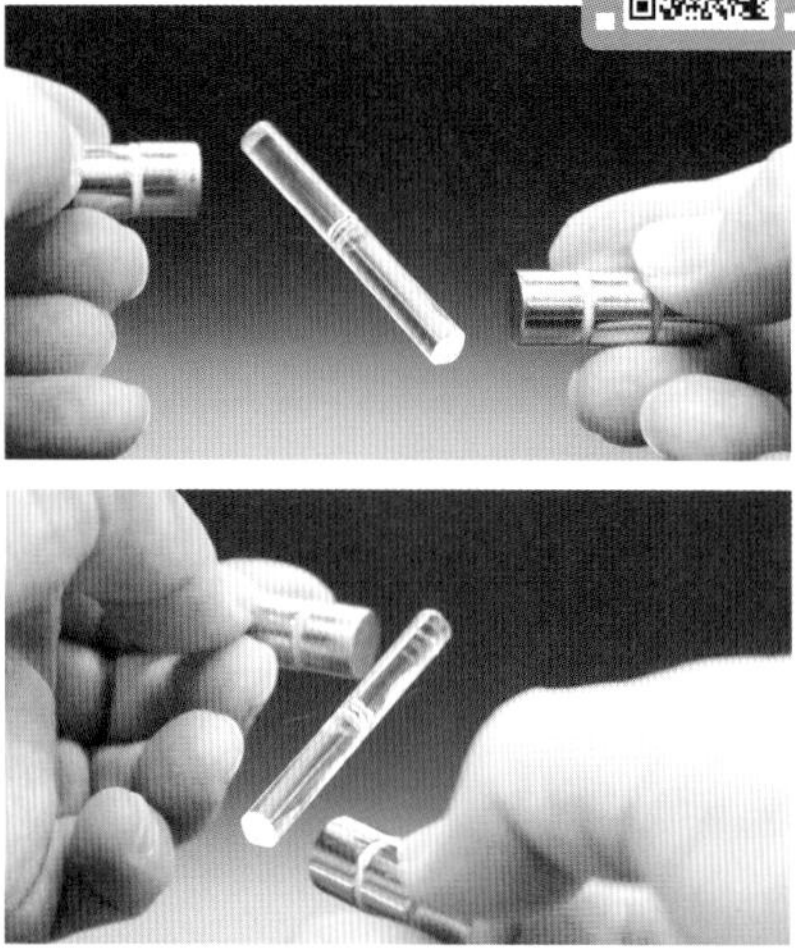

左図を再現した実験。

磁石にくっつく性質をもつ物質を強磁性体（あるいは単に磁性体）といい、鉄やニッケルなどがこれにあたります。ファラデーの時代は、それ以外の、たとえばガラスや硫黄といった磁石にくっつかない物質は非磁性体と考えられていました。現在では、すべての物質が何かしらの磁性をもつことが知られており、大きく強磁性体、常磁性体、反磁性体の３つに分類されています。

１８４５年、ファラデーはかつて別の研究で作製していた鉛をふくむホウケイ酸ガラス（重ガラス、クリスタルガラスともいう）の小さな棒を、自作の強力なU字型の電磁石のもとでつるし、ガラス棒が磁気の方向とは直角の位置で止まることを観測しました（左図）。磁性体ではないとされていたほとんどの物質が、重ガラスと同じふるまいを示しました。反磁性の発見です。また、ファラデーは固体で確認されていることは液体や気体にも当てはまると考えました。その結果、多くの気体が反磁性であると確

◆さまざまな磁性体

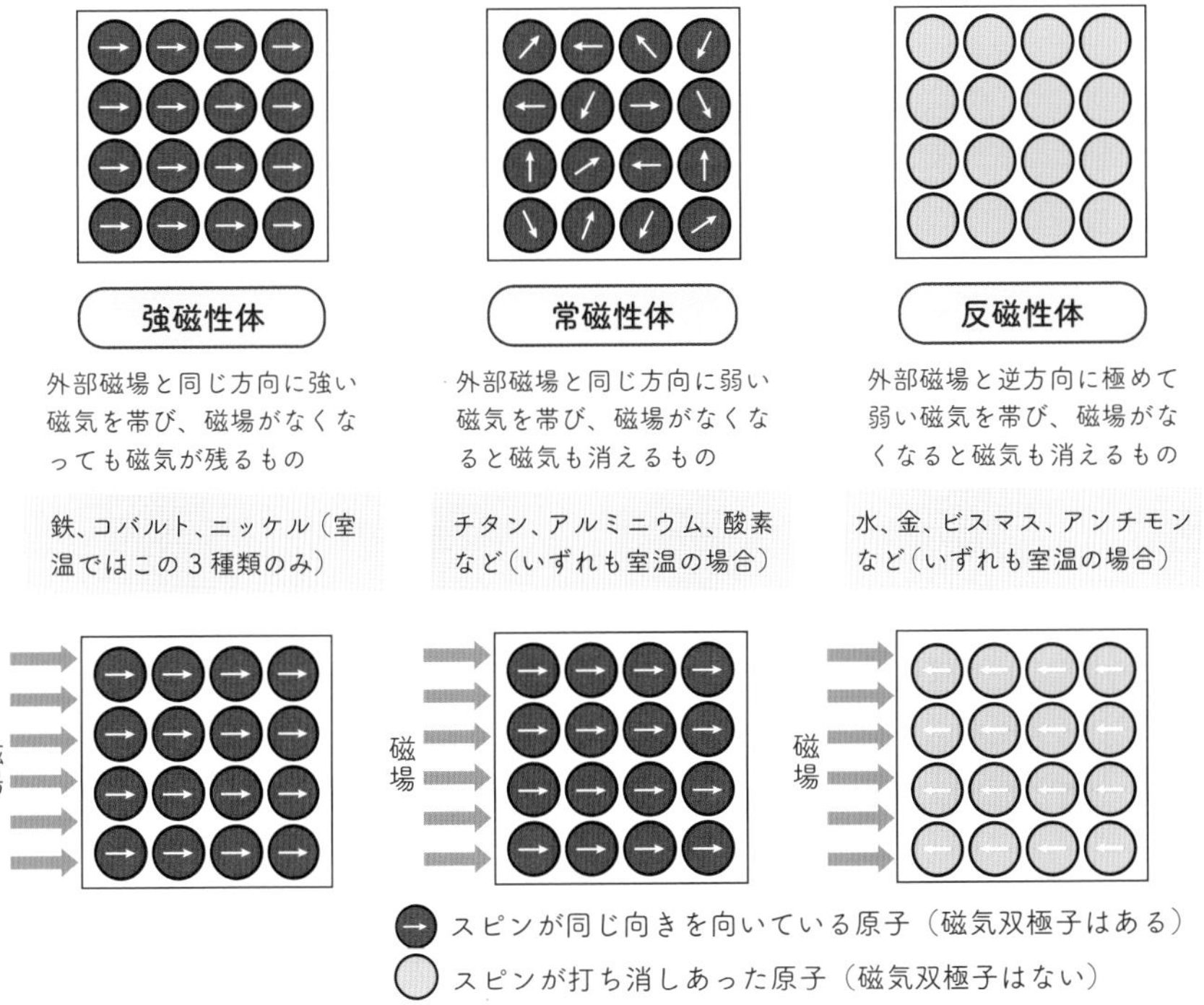
強磁性体
外部磁場と同じ方向に強い磁気を帯び、磁場がなくなっても磁気が残るもの
鉄、コバルト、ニッケル（室温ではこの3種類のみ）
常磁性体
外部磁場と同じ方向に弱い磁気を帯び、磁場がなくなると磁気も消えるもの
チタン、アルミニウム、酸素など（いずれも室温の場合）
反磁性体
外部磁場と逆方向に極めて弱い磁気を帯び、磁場がなくなると磁気も消えるもの
水、金、ビスマス、アンチモンなど（いずれも室温の場合）
磁場
磁場
磁場
スピンが同じ向きを向いている原子（磁気双極子はある）
スピンが打ち消しあった原子（磁気双極子はない）

認しました。さらに酸素は著しい常磁性をもつことを発見します。次ページの実験で、酸素の常磁性と、水やビスマスの反磁性を確認してみましょう。

こうした磁性に関する研究成果は、現在、原子核近くの電子雲による反磁性効果を利用した「核磁気共鳴装置（NMR）」による有機化合物の構造解析や、超伝導体の反磁性を用いたリニアモーターカーなどに応用されています。

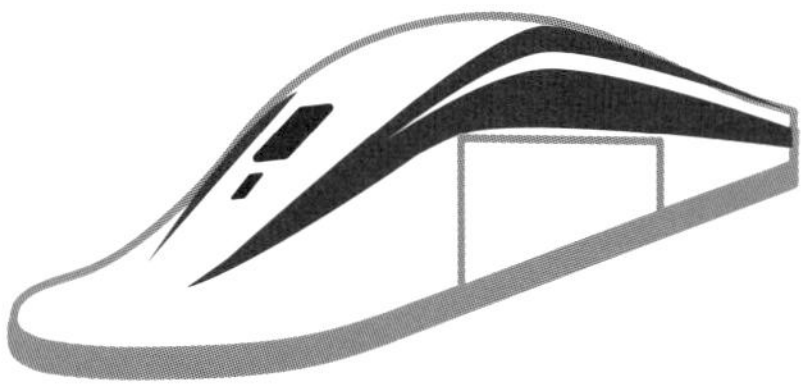
リニアモーターカー

可視化してみよう

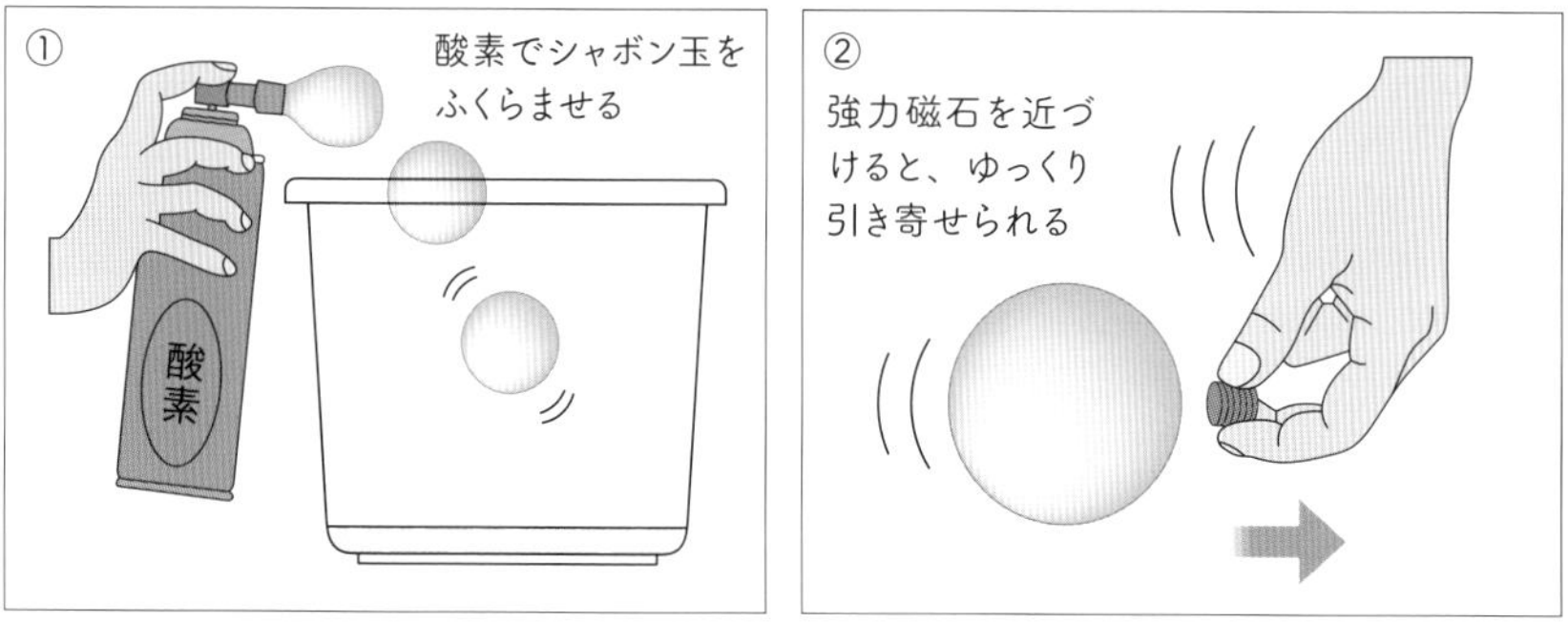
①
酸素でシャボン玉をふくらませる
酸素
②
強力磁石を近づけると、ゆっくり引き寄せられる

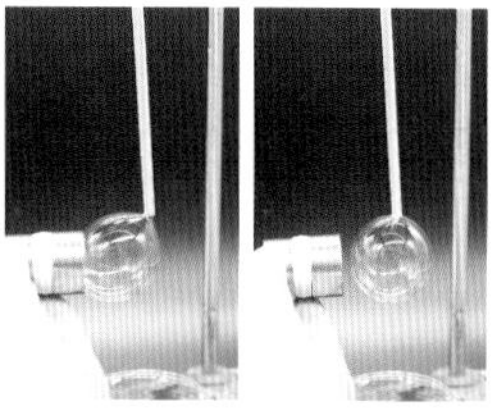

酸素の常磁性

酸素をふうじこめたシャボン玉に、ネオジム磁石などの強力な磁石を近づけると、ゆっくり引き寄せられます。酸素は常磁性体なので、鉄などの強磁性体ほどではありませんが、磁石に引き寄せられる性質をもっています。

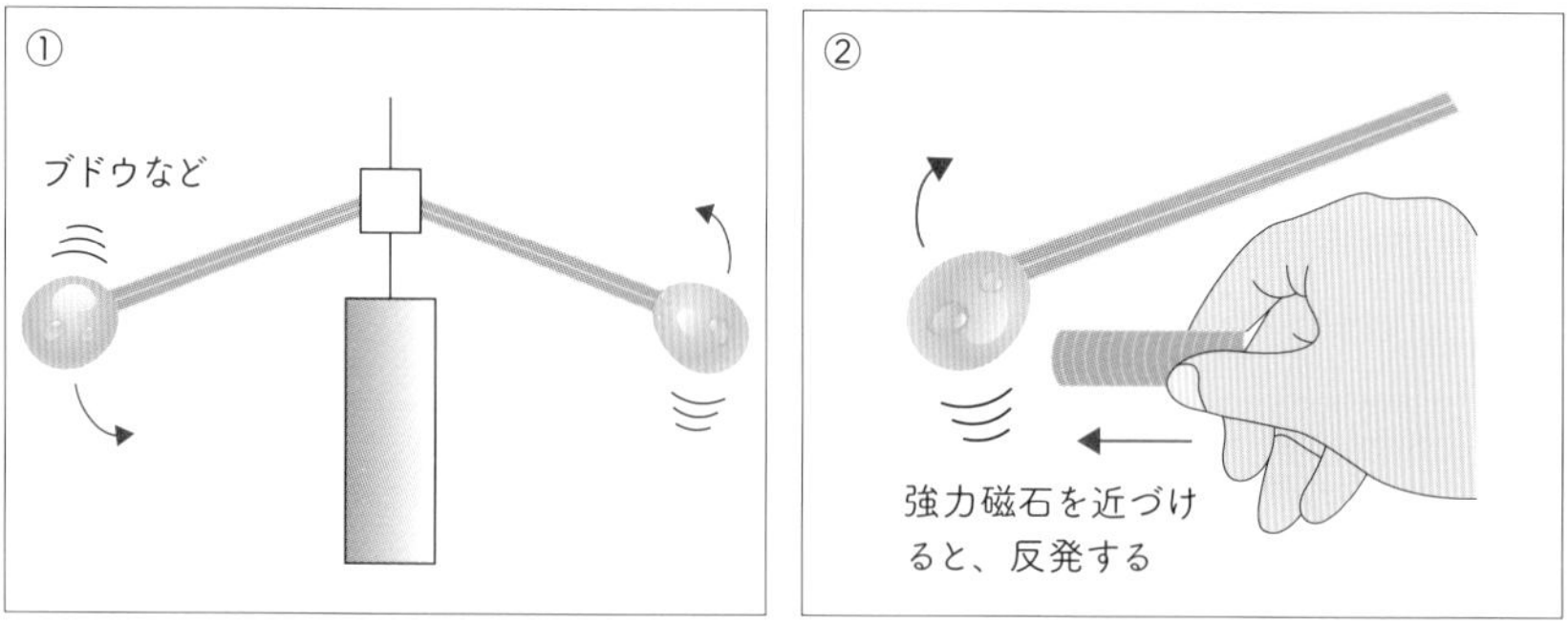
①
ブドウなど
②
強力磁石を近づけると、反発する

水の反磁性

水分を多くふくむ果物（トマトやブドウなど）を、ヤジロベーのように自由に動けるようにしておきます。果物にネオジム磁石などのような強力磁石を近づけると、ゆっくりと反発します。水は反磁性体なので、磁石に対してわずかに反発する性質をもつため、イラストのようにくるくると回ります。

実験⑦ 常磁性と反磁性を

美しい結晶を使うと幻想的！

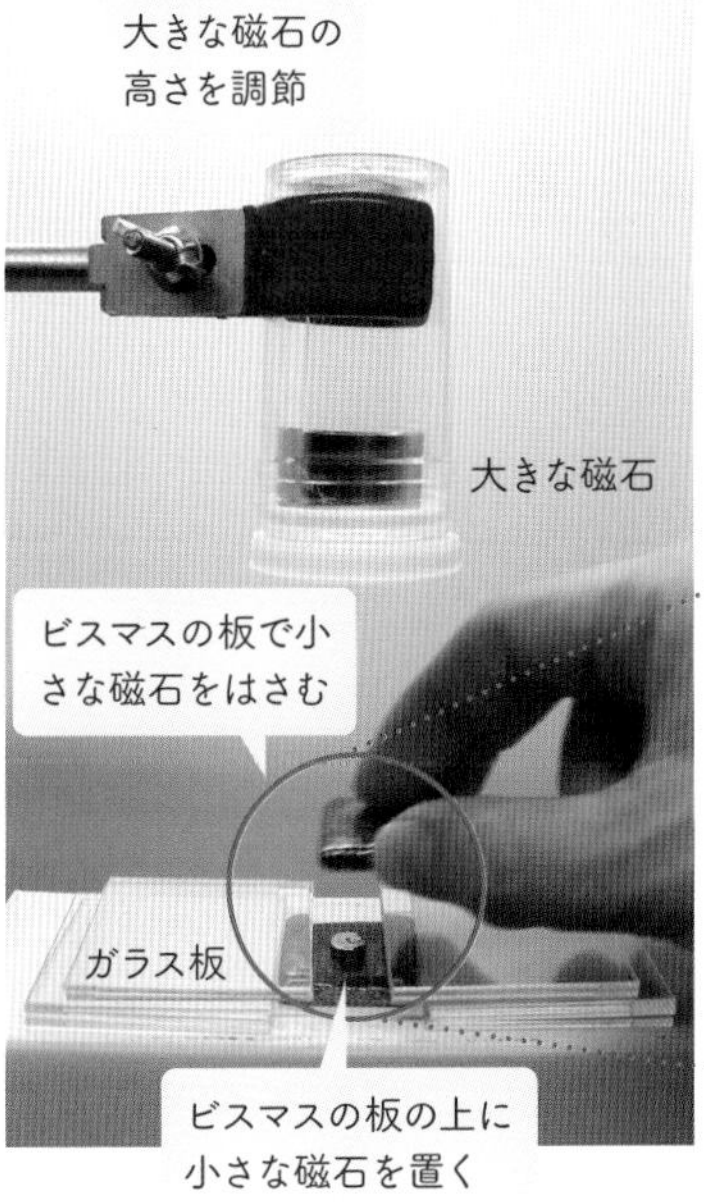

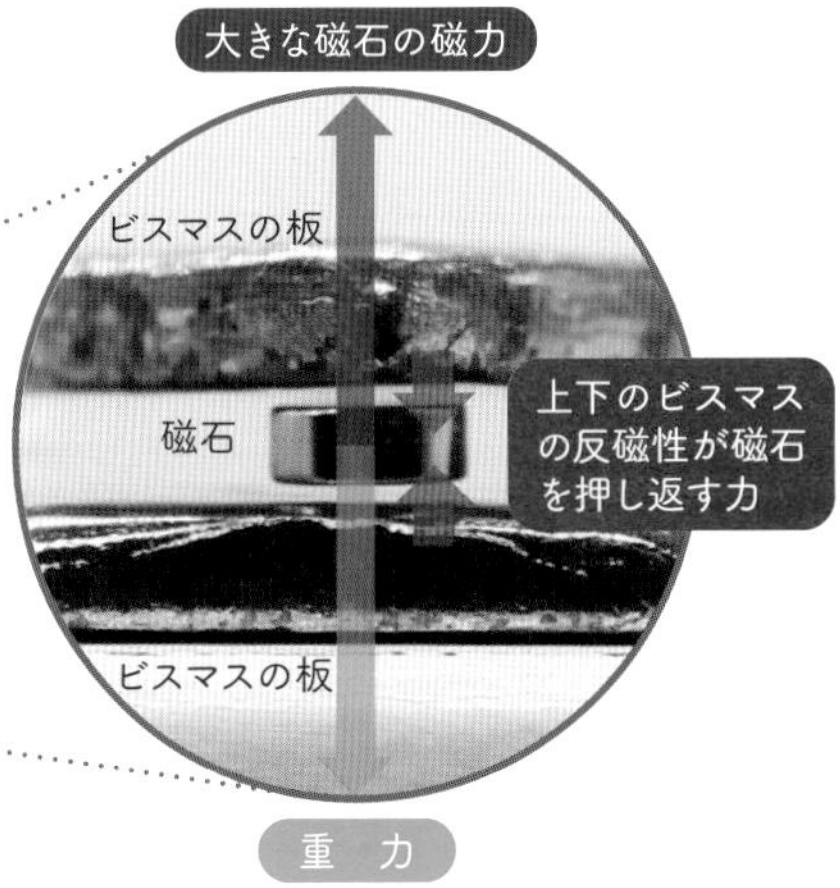

ビスマスの反磁性

ビスマスという金属を知っていますか？　結晶は表面の酸化被膜によって美しい虹色を示すことで知られています。

ビスマスの上に小さな磁石を置き、上には大きな磁石を固定しておきます。ガラス板で高さを調節し、小さな磁石がビスマスのあいだにはさまれるようにします。上の大きな磁石の高さを調節し、小さな磁石が重力と同じ強さの磁力で上に引っ張られるようにすると、小さな磁石は空中に浮きます。上下のビスマスが、反磁性によって小さな磁石を押し返すことで、空中に浮いたままになっているのです。

⑩光と磁場のかかわり

◆ファラデー効果

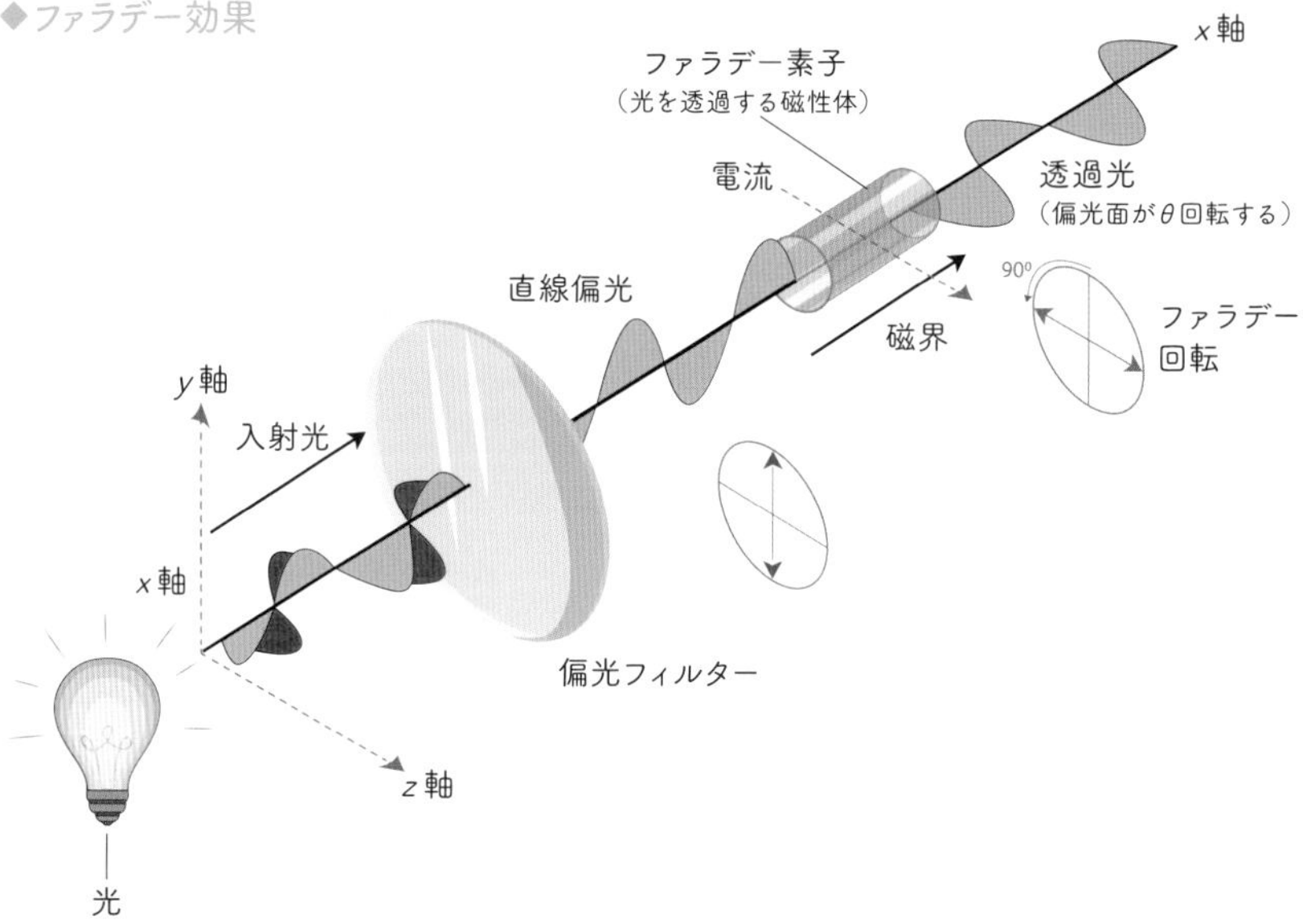

ファラデーは1845年に光の進む方向にそって加えた電磁場によって、直線偏光(へんこう)の偏光面が回転することを発見しました。これをファラデー効果といいます。これは光と磁気に相関があることを証明した最初の実験です。

晩年のファラデーは、とくに光と磁場の関係について研究しました。ちょうどこのころ、ブンゼンとキルヒホフによる光のスペクトル分析による元素の発見が注目されており、ファラデーもこのスペクトル分析手法を活用することで、ファラデー効果とは異なる光と磁気の関係性を見いだせるのではないかと考えたのかもしれません。

ファラデーの人生最後の実験もこうした研究に関係するものでした。彼は実験ノート（「ファラデーの日誌」として有名）を細かく記録していたため、その内容は現在でも確認することができます。ファラデーは光源を磁場のなかに置き、磁場によって光のスペクトルに変化が生じるか分光器を使って検証しました。しか

◆ゼーマン効果

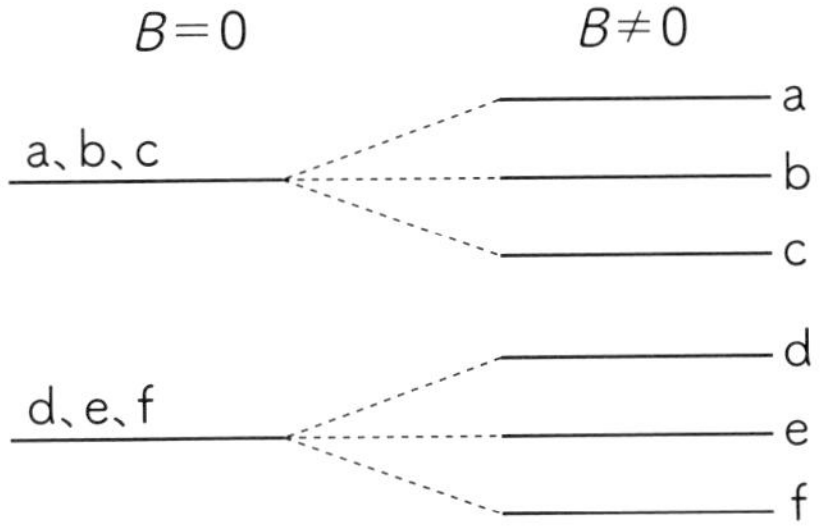

磁場がない場合（$B=0$）、1本だったエネルギー準位が、磁場がある場合（$B\neq0$）には複数に分裂する。

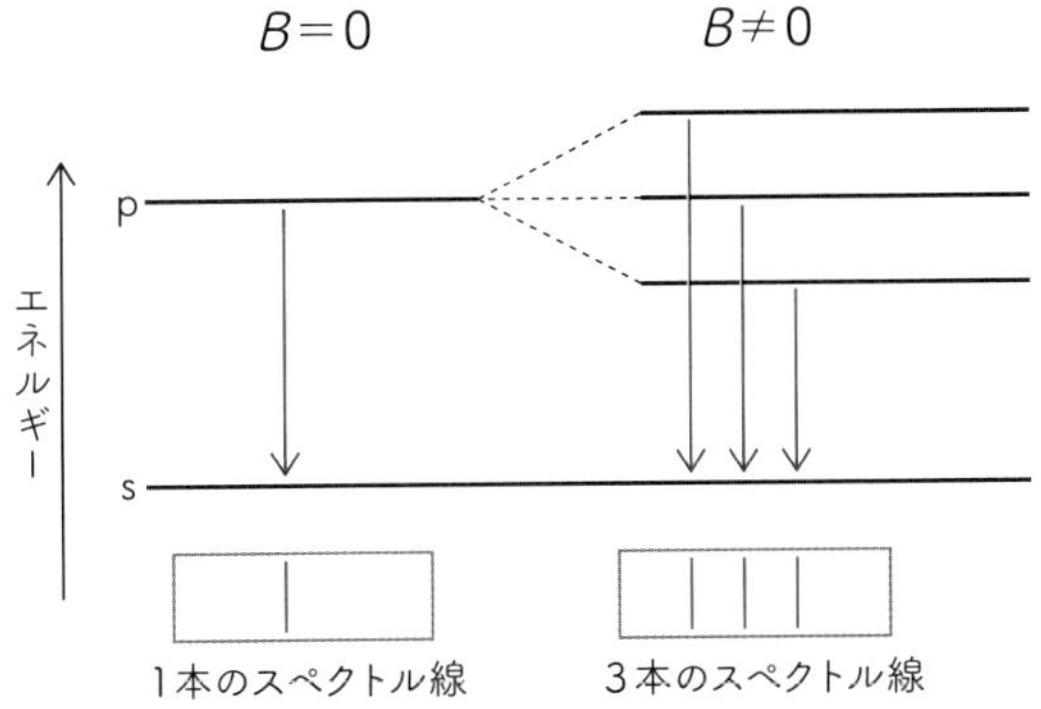

高いエネルギー準位から低いエネルギー準位に電子が移動するので、スペクトル線（特定波長の光）が発生する。

$B\neq0$では、p軌道が3つに分裂しているので、スペクトル線は3本になる。

多くの原子では、より複雑な軌道の分裂が起こるため、スペクトル線はより複雑になる。

し、結果は予想に反して、磁場の効果を確認することはできませんでした。

ファラデーが失敗した磁場と光のスペクトルの実験を成功させたのが、ピーター・ゼーマンです。彼はファラデーの死後、マクスウェルによって書かれたファラデー最後の実験に関する記述を読み、このときの分光技術であればスペクトルの変化を観測できるのではと考えました。これはファラデーの実験から35年後のことで、実験で使用する磁場は当時より強くすることができました。また、高度な分光技術でスペクトルを観測するのも可能でした。結果として、ゼーマンはファラデーが予想していたスペクトルの変化をとらえることに成功します。こうして、磁場をかけることでスペクトル線が分裂する現象「ゼーマン効果」が発見されました。

また、師であるローレンツの協力もあり、「光は磁場の影響を受け偏光すること」、また偏光の仕方から「原子中には振動する荷電粒子（りゅうし）

◆ファラデーの実験から電子の発見まで

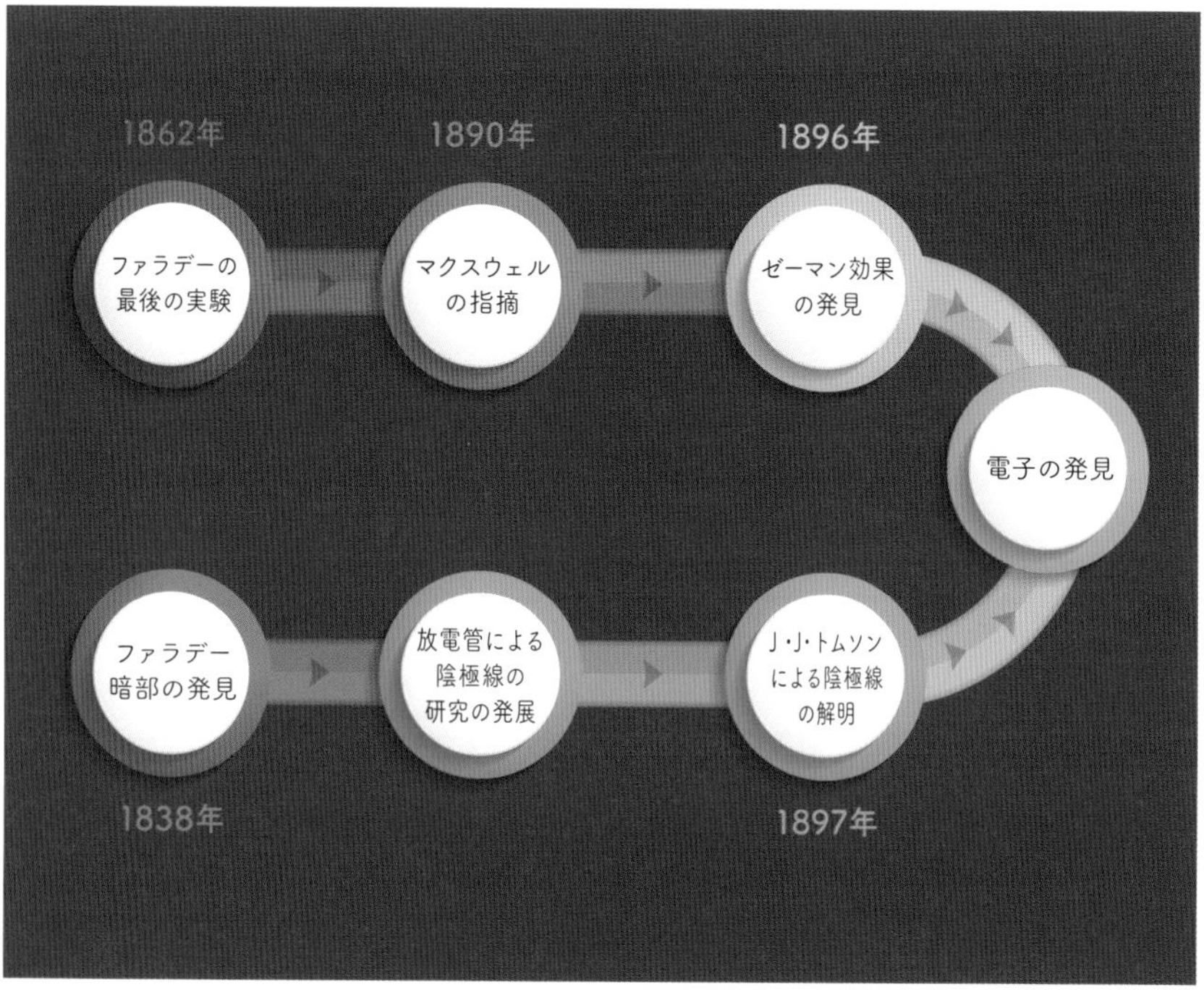

が存在し、電荷の符号は負であること」を発見しました。これらの業績でゼーマンは1902年にノーベル物理学賞を受賞します。ゼーマンは、1897年の論文とノーベル賞の受賞講演で、1862年のファラデーによる磁場と光スペクトルの実験について言及しています。

ゼーマン効果として発表された電子の比電荷（電荷と質量の比）は、ほぼ同時期にJ・J・トムソンらによって測定されていた真空管のなかに観察される「陰極線」の構成粒子（つまり電子）の比電荷とほぼ同じ値でした。また、陰極線の解明においても先行研究をたどると、電子がエネルギーを失い続けると放出される光が少なくなるために生じる「ファラデー暗部」という現象に行き着きます。

このように「電子」の発見には、ファラデーの実験が大きく関係しています。ファラデーの活躍がなければ、電子の発見はもう少し先の話になっていて、物理・化学分野の発展は遅れていたかもしれません。

ファラデーの名前が使われている道具や単位

ファラド（Farad、記号：F）

コンデンサ（キャパシタ、蓄電器）などの静電容量の単位です。1ファラドは、「1クーロン（C）の電気量を充電したときに1ボルト（V）の直流の電圧を生じる2導体間の静電容量」と定義されています。つまり、コンデンサなどの絶縁された誘電体に対して、電荷をどれくらいたくわえられるかを示します。 1861年にジョサイヤ・ラティマー・クラークとチャールズ・ティルストン・ブライトが「ファラド」をつくり、1881年の国際電気会議で「ファラド」を静電容量の単位の名称とすることが決まりました。

カメラのストロボには、数百マイクロファラド程度のコンデンサが用いられています。バッテリーの電圧を数百ボルトにあげたのち、コンデンサを充電し、シャッターをおすと同時に一気に放出してランプを強く光らせるしくみになっています。

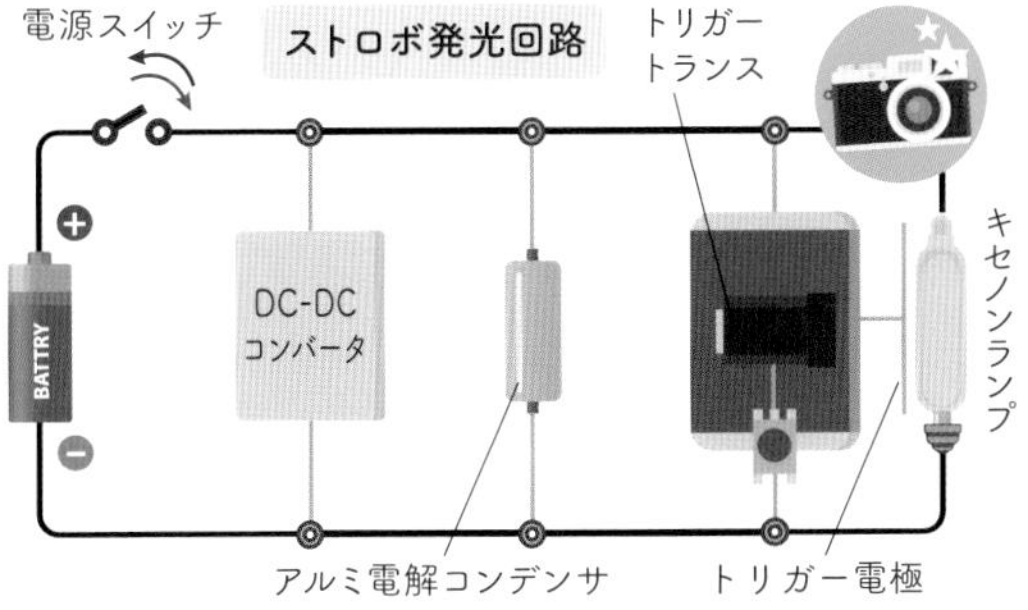

ファラデー（Faraday、記号：Fd）

電荷を示す古い単位で、1モルの電子がもつ電荷の絶対値として定義されていました。現在は使われておらず、国際単位系（SI）のクーロン（C）に完全に置きかえられています。

ファラデー定数（Faraday constant）

電子の物質量あたりの電荷にあたる物理定数です。電気素量とアボガドロ定数の積に等しくなります。記号Fで表し、96485.3321233100184 C/molという値をもちます。「ファラデーの電気分解の法則」では、ファラデー定数を使って、電気分解における物質の変化量と電気量との関係を表せ、電気化学の化学量論的計算に用いられています。

カーボンニュートラルの取り組みのひとつに、水素エネルギー社会の実現があります。「電気分解で水素を生成する際に、どれだけの電力でどれだけの水素が得られるか？」「水素をつかった燃料電池の起電力はどのくらいか？」といった計算が重要ですが、こうした計算にはすべてファラデー定数が必要です。

ファラデー効果（あるいは磁気旋光）

磁場に平行な進行方向に直線偏光を物質に透過させたとき、偏光面が回転する現象のこと。また、この回転はファラデー回転とよばれています。この現象は1845年にファラデーが発見しました。この効果を示す物質と、偏光板2枚とを組み合わせ、順方向に進む光を透過し、逆方向の光は遮断する「光アイソレータ」とよばれる部品がつくられており、光通信などに応用されています。

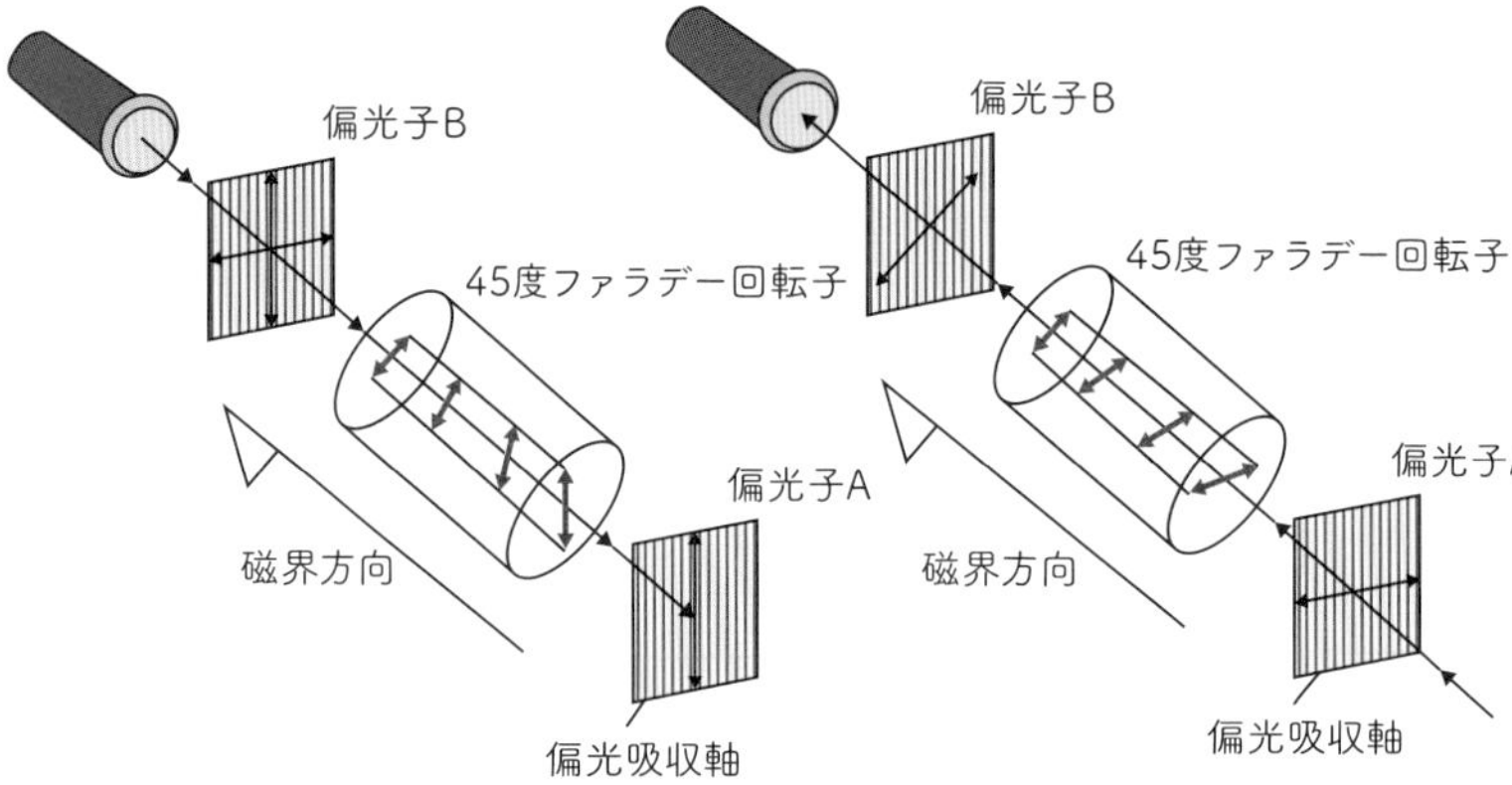

逆方向の光（戻り光）　　順方向の光

ファラデーケージ（Faraday cage）

導体でできた容器や導体に囲まれた空間をファラデーケージといいます。導体に囲まれた空間内部には電気力線が侵入できないため、外部の電場がさえぎられ、内部の電位はすべて等しくなります。また、内部に電荷をもちこむと、電荷はファラデーケージの表面に分布しようとするため、ファラデーケージの側に移動します。

静電気を研究するなかで、ファラデーは帯電した導体では電荷がその表面にしかないことを示し、それら電荷は導体内部の空間には何も影響をおよぼさないことを証明しました。電子レンジのなかのマイクロ波が外に出てこないことや、車や飛行機に落雷してもなかの人間が無事なのは、この原理のおかげです。（p.38、39も参照）

二次元コードで読みこめば、動画を見ることができる。

●ファラデーケージ

PART

3

ファラデーと彼(かれ)をとりまく科学者たち

19世紀欧州科学者人物相関図

赤い矢印はファラデーと直接のかかわりを示す。
黒い矢印はファラデー以外のかかわりを示す。

デンマークの科学者

エルステッド
電気と磁気の直接的な関係を示す実験をおこなう。電磁気学が始まる

影響

イタリアの科学者

ガルヴァーニ
動物電流の発見者。論文をボルタに送る

相談

ボルタ
最初の電池を発明（ボルタ電池）。電気化学分野の研究が始まることになる

影響

影響

フランスの科学者

文通

アンペール
パリ巡業（じゅんぎょう）で出会う。その後も手紙で交流。ファラデーが影響を受けた科学者のひとり

友人

デュマ
14歳のデュマとパリで出会う。その後30年ぶりにパリで再会

マクスウェル
電磁気学の基本方程式を発表。ファラデーが考えた電磁波の存在を数学的に予言。晩年のファラデーのこころの支えとなる

電磁気学はさらに発展していく

イギリス（王立研究所）の科学者

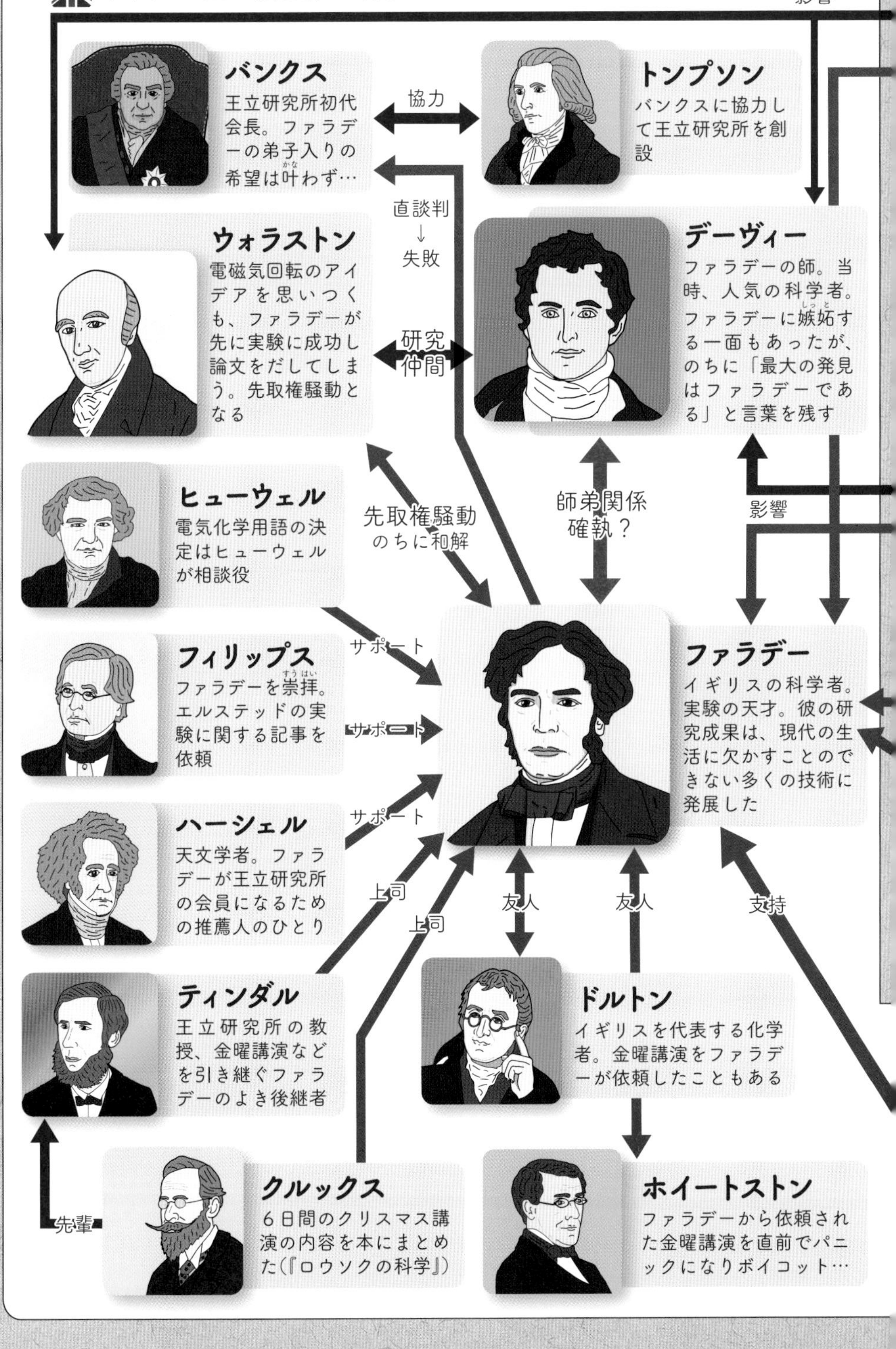
影響
バンクス
王立研究所初代会長。ファラデーの弟子入りの希望は叶わず…
協力
トンプソン
バンクスに協力して王立研究所を創設
直談判
↓
失敗
ウォラストン
電磁気回転のアイデアを思いつくも、ファラデーが先に実験に成功し論文をだしてしまう。先取権騒動となる
研究仲間
デーヴィー
ファラデーの師。当時、人気の科学者。ファラデーに嫉妬する一面もあったが、のちに「最大の発見はファラデーである」と言葉を残す
先取権騒動
のちに和解
師弟関係
確執？
影響
ヒューウェル
電気化学用語の決定はヒューウェルが相談役
サポート
フィリップス
ファラデーを崇拝。エルステッドの実験に関する記事を依頼
サポート
ファラデー
イギリスの科学者。実験の天才。彼の研究成果は、現代の生活に欠かすことのできない多くの技術に発展した
サポート
ハーシェル
天文学者。ファラデーが王立研究所の会員になるための推薦人のひとり
上司
上司
友人
友人
支持
ティンダル
王立研究所の教授、金曜講演などを引き継ぐファラデーのよき後継者
ドルトン
イギリスを代表する化学者。金曜講演をファラデーが依頼したこともある
先輩
クルックス
6日間のクリスマス講演の内容を本にまとめた（『ロウソクの科学』）
ホイートストン
ファラデーから依頼された金曜講演を直前でパニックになりボイコット…

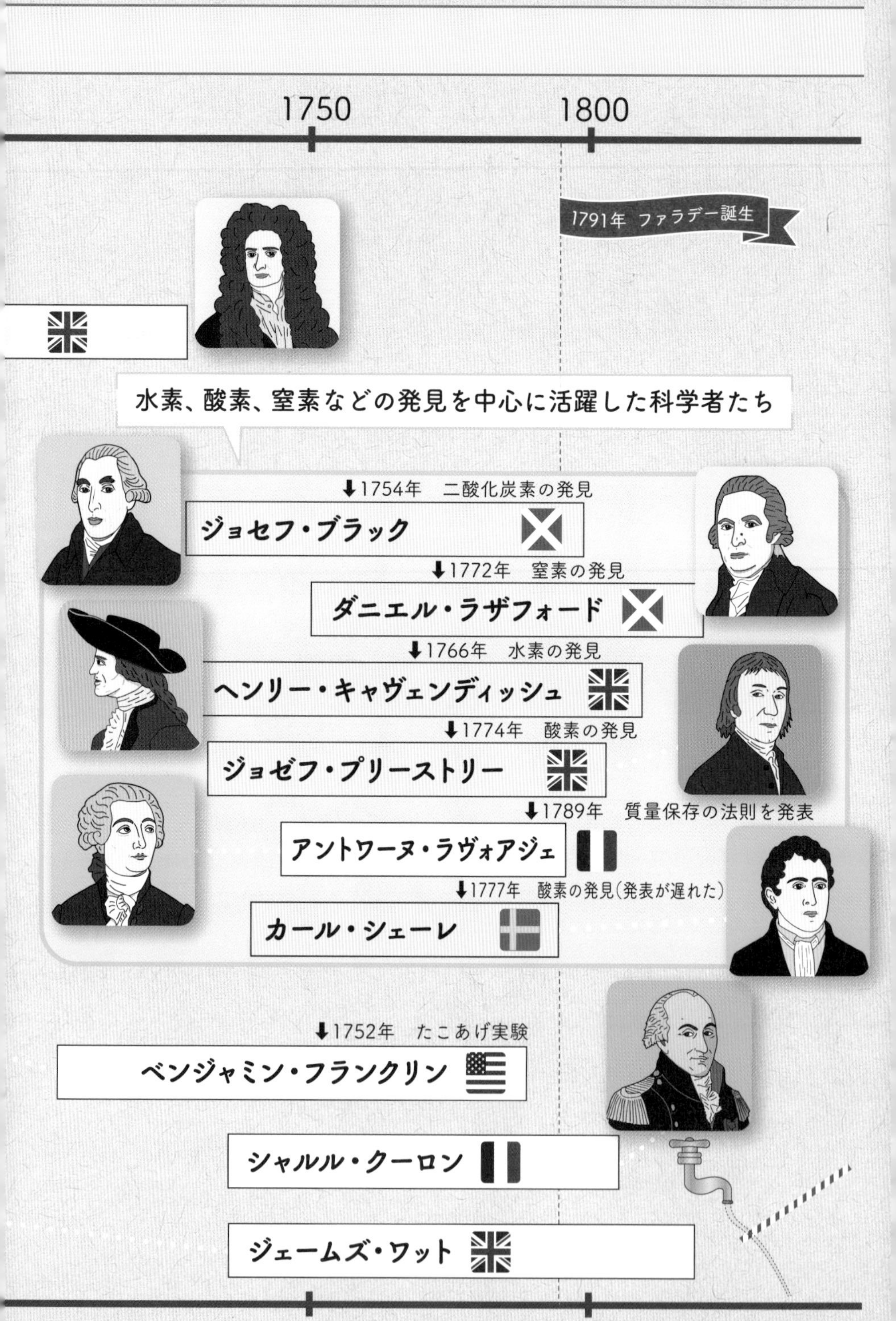
1750
1800
1791年 ファラデー誕生
水素、酸素、窒素などの発見を中心に活躍した科学者たち
1754年　二酸化炭素の発見
ジョセフ・ブラック
1772年　窒素の発見
ダニエル・ラザフォード
1766年　水素の発見
ヘンリー・キャヴェンディッシュ
1774年　酸素の発見
ジョゼフ・プリーストリー
1789年　質量保存の法則を発表
アントワーヌ・ラヴォアジェ
1777年　酸素の発見(発表が遅れた)
カール・シェーレ
1752年　たこあげ実験
ベンジャミン・フランクリン
シャルル・クーロン
ジェームズ・ワット

1 ファラデーより前に活躍（かつやく）した科学者たち

1600　1650　1700

1665～67年 「驚異（きょうい）の年」
・万有引力の法則 ・微分積分学
・運動の法則 ・光学

アイザック・ニュートン

⬇1609年　地動説

ガリレオ・ガリレイ

ふりこの等時性

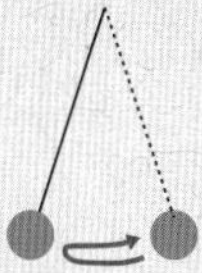

天動説と地動説

ロバート・ボイル

⬆1662年　ボイルの法則

温度一定

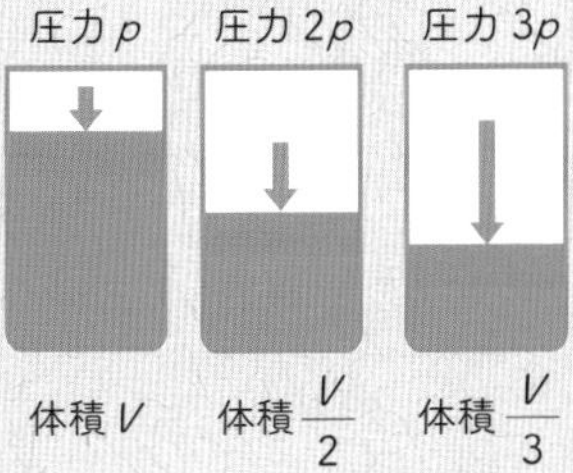

たこあげ実験

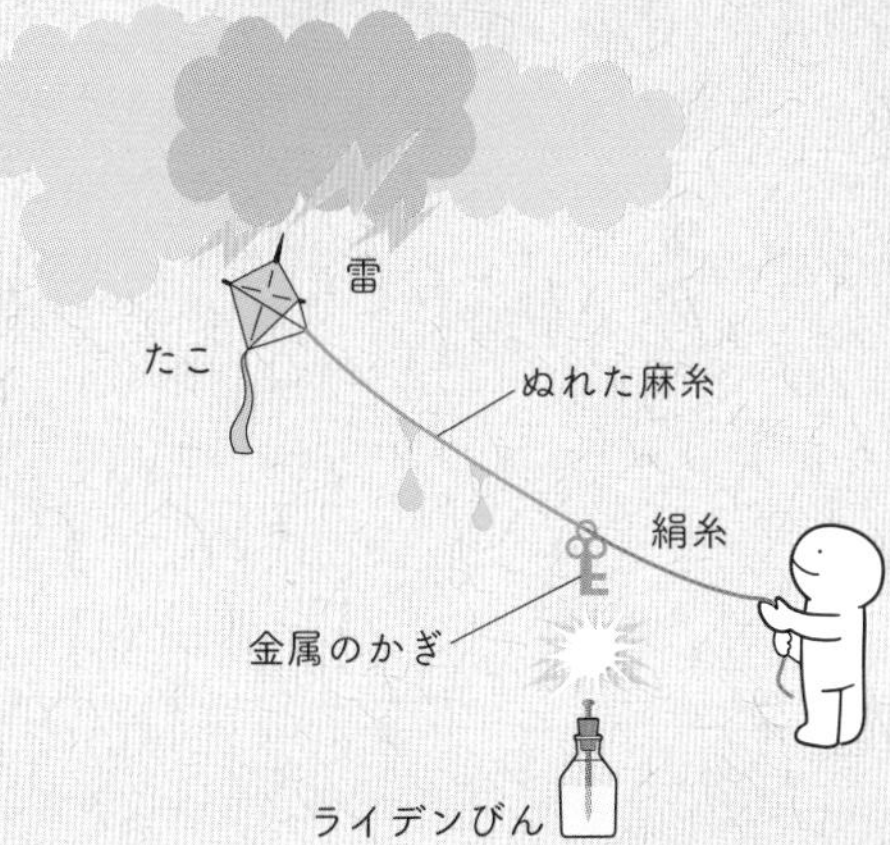

ワットの蒸気機関

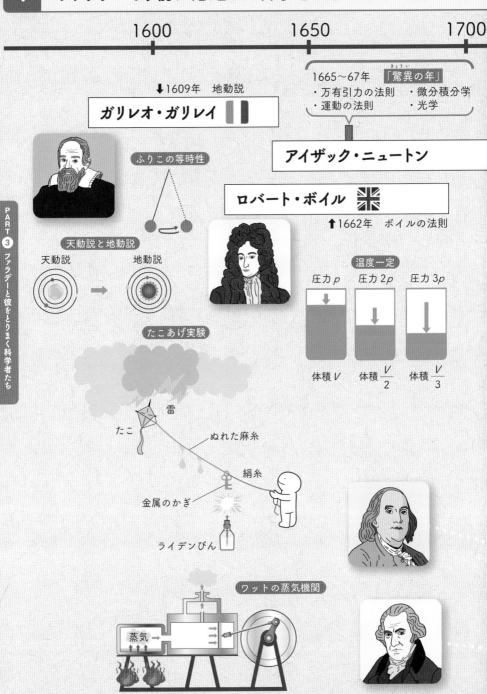

1850　　1900

ファラデー活躍期

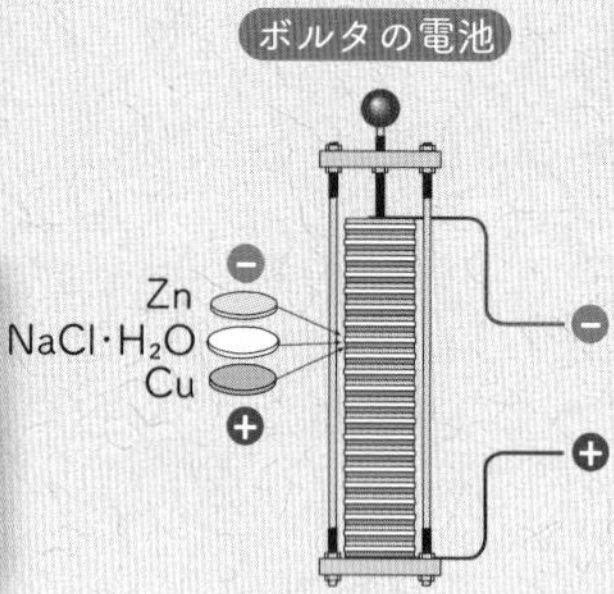

ボルタ電池を発明

水の電気分解に成功

ボルタの発表からまもなく、
ボルタ電池を使って水を分解

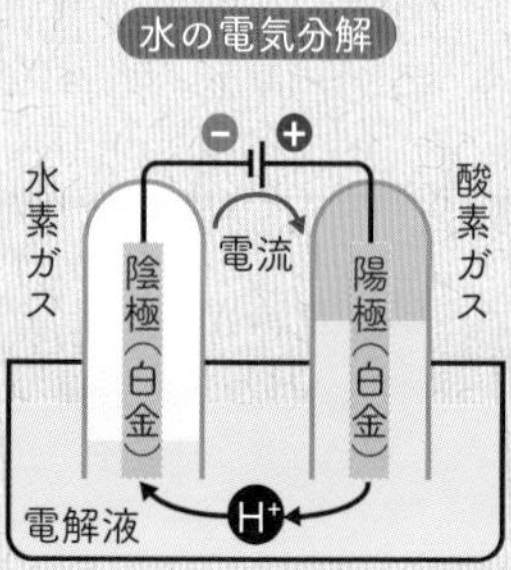

紫外線を発見

水の電気分解、電気めっきの研究など、実は
電気化学の分野で多くの発見を残している

トンプソンとともに王立研究所を設立

研究者になるためにファラデーが最初に手紙
を送った相手 ⇒ うまくはいかなかった…

熱運動説とエネルギー概念確立に貢献

ファラデーの師であるデーヴィーを
王立研究所の化学教授に選んだ

⬇1821年　ゼーベック効果を発見

2 ファラデーの生まれる少し前から活動した科学者たち

ファラデーと直接かかわった人物

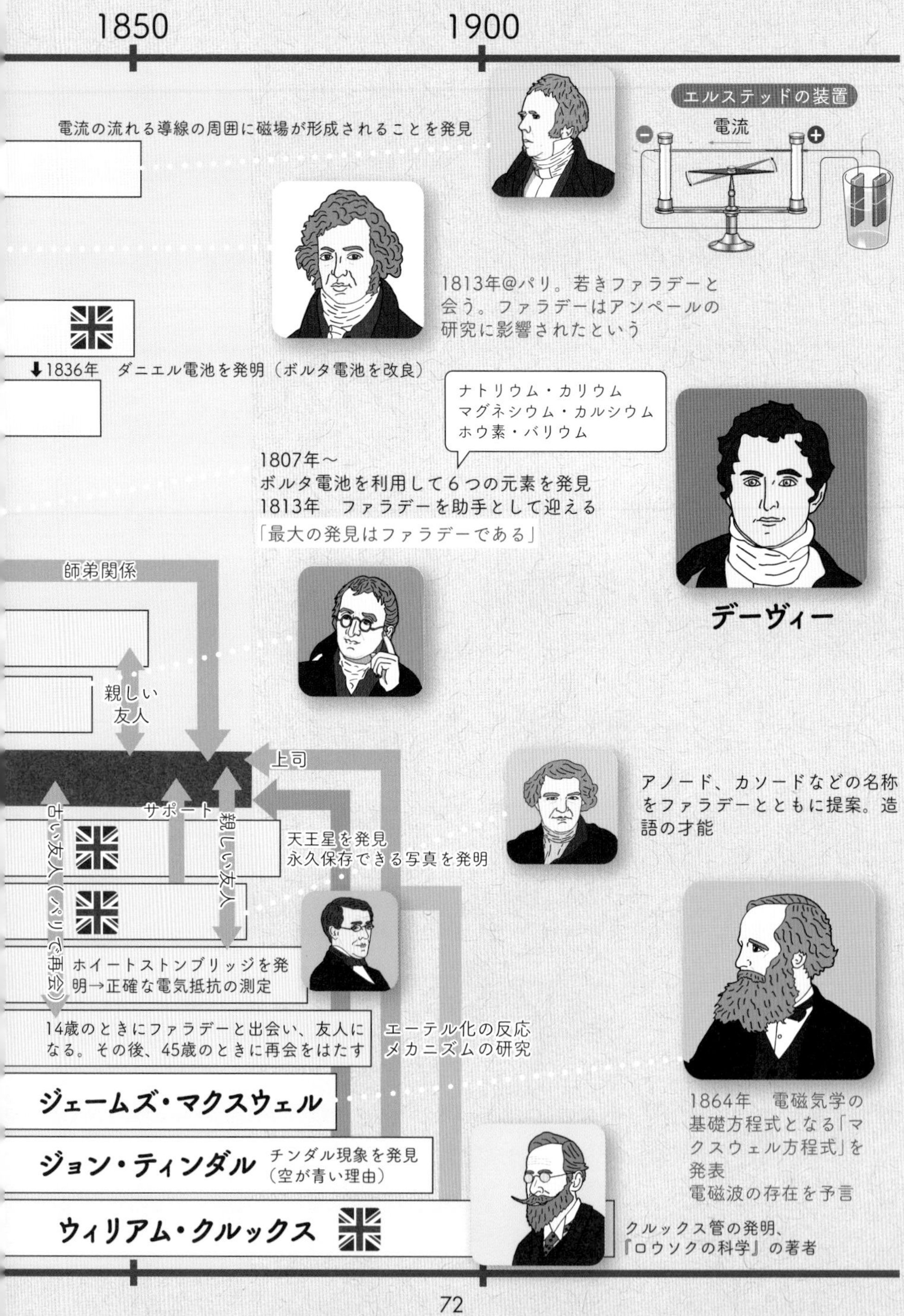
1850
1900
エルステッドの装置
電流
電流の流れる導線の周囲に磁場が形成されることを発見
1813年@パリ。若きファラデーと会う。ファラデーはアンペールの研究に影響されたという
⬇1836年　ダニエル電池を発明（ボルタ電池を改良）
ナトリウム・カリウム
マグネシウム・カルシウム
ホウ素・バリウム
1807年～
ボルタ電池を利用して６つの元素を発見
1813年　ファラデーを助手として迎える
「最大の発見はファラデーである」
デーヴィー
師弟関係
親しい友人
上司
サポート
親しい友人
古い友人（パリで再会）
アノード、カソードなどの名称をファラデーとともに提案。造語の才能
天王星を発見
永久保存できる写真を発明
ホイートストンブリッジを発明→正確な電気抵抗の測定
14歳のときにファラデーと出会い、友人になる。その後、45歳のときに再会をはたす
エーテル化の反応メカニズムの研究
ジェームズ・マクスウェル
1864年　電磁気学の基礎方程式となる「マクスウェル方程式」を発表
電磁波の存在を予言
ジョン・ティンダル
チンダル現象を発見（空が青い理由）
ウィリアム・クルックス
クルックス管の発明、『ロウソクの科学』の著者

3 ファラデーと同時期に活動した科学者たち その1

1821　電流と磁石の間の相互作用の実験をおこなう
　　　電磁回転と名づけた2つの装置を作製
1823　塩素の液化に成功
1825　ベンゼンの発見
1831　電磁誘導を発見
1833　電気分解の法則を発見
1834　ファラデーゲージによる実験
1837　静電誘導の実験に取り組む
1838　真空放電におけるファラデー暗部を発見
1839　物質の半導体的性質の最初の発見
1845　反磁性の発見
　　　ファラデー効果を発見
1846　光の電磁波説の着想
1850　酸素の著しい常磁性を発見
1862　磁場による光のスペクトルの変化を予想

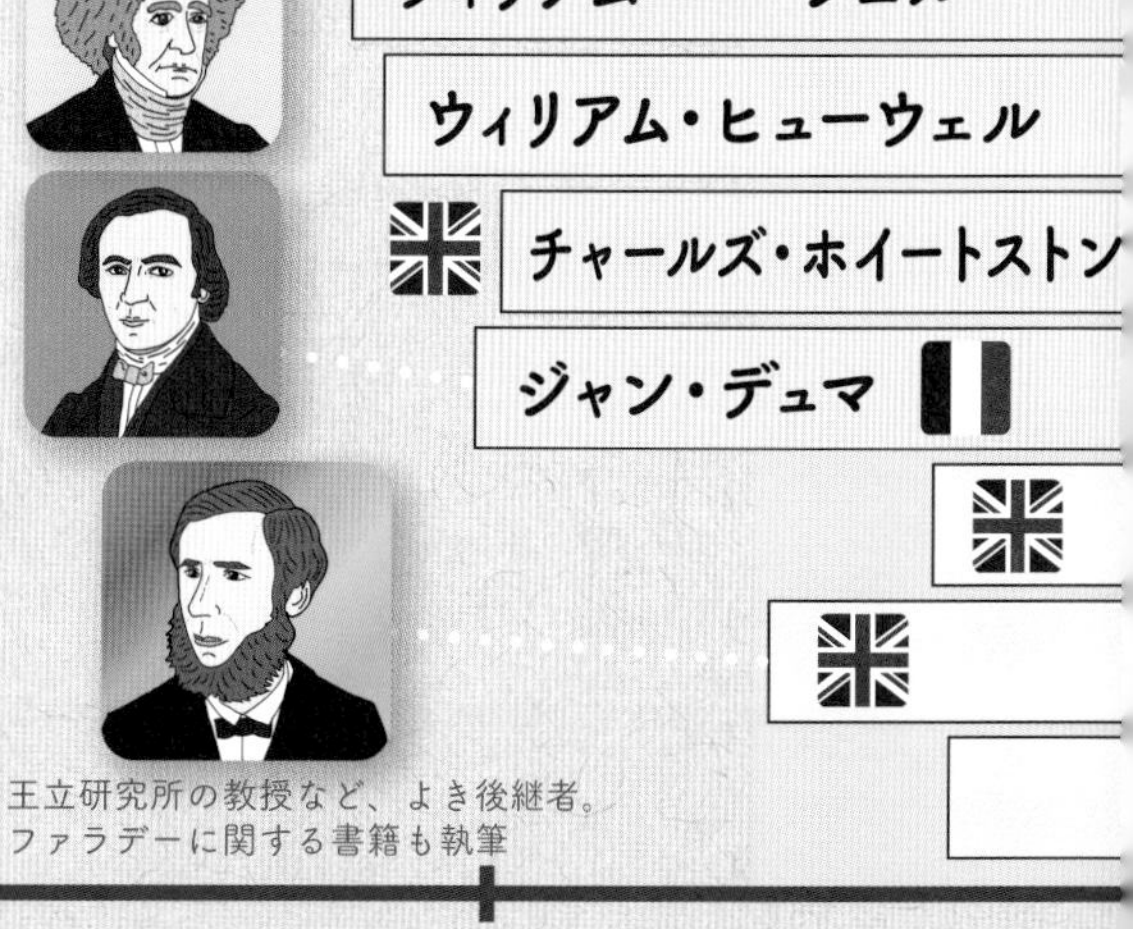

ファラデーと直接的なかかわりの少ない人物

1850　　1900

師弟関係

ヴェーバー

数学の才に秀れ、データ処理手法である最小二乗法の発見をはじめ、解析学や複素数平面など重要な研究で功績を残した。そのため、ガウスにちなんで命名された法則や手法が数多くある

惑星の運動に関する法則

ドルトンの「原子説」から「分子説」へ

同じ温度、圧力、体積の気体は、種類にかかわらず同じ数の分子をふくむとする説を発表。また、その粒子は、原子の状態ではなく、2個の原子が結合した「分子」の状態であると考えた（分子説）

シャルルの法則と命名

回転磁気を発見

協力

光の波動説を実証。灯台での照明用としてフレネルレンズを発明。1811年ごろからはアラゴとともに偏光の研究にはげんだ。1827年、結核により39歳で死亡

協力

ゼーベック効果とは逆の現象を発見

電流によって発生する熱量は、流した電流と、導体の電気抵抗に関係する、エネルギー保存則（熱力学第一法則）を発見。ファラデーは彼の論文を査読している

・ペルティエ

1849年に「熱力学」という言葉を初めて用い、この新しい学問の体系化に大きく貢献した。とくに、気体が断熱膨張するときに冷却する「ジュール＝トムソン効果」は有名。この原理を応用して液体窒素や液体ヘリウムが製造されている

ジェイムス・ジュール　熱力学第一法則の発見

協力

ウィリアム・トムソン　ジュール=トムソン効果

ヘンリー　ファラデーと同様に電磁誘導を発見

ロベルト・ブンゼン　広範囲の研究分野、ブンゼンバーナーの生みの親

協力

グスタフ・キルヒホフ

ファラデー活躍期

1849年のキルヒホフの法則で有名。ブンゼンとともにスペクトル分析の研究。プリズムを使った分光器を考案し、スペクトルの反転を発見した

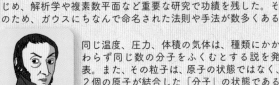

4 ファラデーと同時期に活動した科学者たち その2

1750　1800

エネルギー(energy)という用語を最初に用い、その概念を導入

トマス・ヤング 光の波動説を提唱

シャルルの法則や気体反応の法則を発見。ロウソクの原料であるステアリン酸の発見者

カール・ガウス

アメデオ・アボガドロ

ゲイ=リュサックとともに化学物理学年報を創刊。1820年に電流による鉄の磁化を、1824年に回転磁気を発見し、のちの電磁誘導発見への道を拓いた

ジョセフ・ゲイ=リュサック

ドミニク・アラゴ

中学理科で学ぶオームの法則、当時はなかなか認められなかった。オームが認められ、大学教授になれたのは、彼が 60歳のとき。亡くなる2年前のこと

オーギュスタン・フレネル

ゲオルク・オーム

1834年、異なる金属を接合した部分に電圧をかけて電流を流すと熱の吸収や放出を生じることを発見(ペルティエ効果)。ゼーベック効果の逆の効果

ジャン=シャルル

ヨゼフ・フラウンホーファー

1814年にガラスの光学定数を精密に決める研究をしているときに太陽光のスペクトル線中に明瞭な暗部(フラウンホーファー線)を発見

ニコラ・カルノー

熱機関の効率は高温と低温の熱源の温度差のみに依存し、機関を働かせる作業物質には依存しない。カルノーサイクル

ジョセフ・

強力な電磁石をつくり、ファラデーとは独立に電磁誘導を 1830年に発見。1832年にはファラデーに先じて電流の自己誘導を発見

炭素亜鉛電池の発明、光度計の発明、ヨウ素滴定法の発明、マグネシウムの単離、電解法による金属の遊離など、広範な領域で研究。有名なブンゼンバーナーをはじめ実験器具を開発した。その結果、炎色反応の分析をおこない、キルヒホフと共同でセシウムとルビジウムを発見

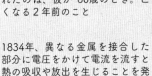

1900　1950

ベンゼン環構造の提唱

⬇1888年　電磁波の存在を実験的に証明

・ヘルツ

無線通信に成功⬇　⬇1901年　太平洋横断無線通信に成功

グリエルモ・マルコーニ

ゼーマン効果を発見⬇　⬇1902年　ノーベル物理学賞

ピーター・ゼーマン

⬇1875年　電気光学カー効果を発見

⬆1876年　磁気光学カー効果を発見

磁場による光のスペクトルの変化は1862年にファラデーが予想。ゼーマンもこのことに触れ、講演している

⬇1878年　酸素の液化に成功

⬆1892年　デュワーびんを発明

⬆1895年　水素の液化に成功

⬇1889年　ネルンストの式を発表

ヴァルター・ネルンスト　⬆1920年　ノーベル化学賞

⬇1879年　実用的な白熱電球の開発

⬆1877年　蓄音機を、1891年映写機を発明

⬇1900年　量子仮説を提唱

プランク　量子論が誕生

⬇1898年　ポロニウムとラジウムを発見

マリー・キュリー　⬆1903年　ノーベル物理学賞

⬆1911年　ノーベル化学賞

⬇1905年　26歳

アルベルト・アインシュタイン　「特殊相対性理論」「ブラウン運動の理論」「光電効果の理論」３つの論文を発表

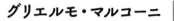

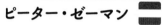

5 ファラデーの残した功績に関係のある科学者たち

1800　　　　1850

ファラデー活躍期

ファラデーが発見したベンゼンは、ケクレによってその構造が判明する

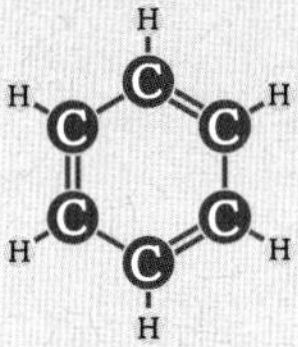

↓1865年

アウグスト・ケクレ

ファラデーが予言した電磁波は、ヘルツが存在を証明する。マルコーニが通信技術を発展

ハインリヒ

1895年

1896年

ジョン・カー

ヴィルヘルム・ヴェーバー　電気や磁気の精密な測定器具を製作

ジェイムズ・デュワー

気体の液化はデュワーが継承（けいしょう）。デュワーびんは魔法びんの原型！　最も尊敬する科学者はファラデー

トーマス・エジソン

マックス・

ファラデーゆかりの場所②

ファラデー記念館

ロンドンにあるファラデー記念館には、ファラデーの実験器具や手紙、肖像画などが展示されています。また、ファラデーがおこなったクリスマスレクチャーの伝統も続けられています。

●ファラデー記念館

ファラデー通り

ファラデーの名を冠した通りはイギリス各地にあります。イギリスだけにとどまらず、フランスやドイツ、カナダ、アメリカにもあります。

●ドイツのファラデー通り

ファラデー基地

ファラデーの名を冠した観測基地がかつて南極にありました。1947年にイギリスが設営し、1996年からはウクライナが観測を引きついでいます。現在はベルナツキー基地とよばれ、気象観測や地磁気、地震、氷雪などを研究しています。

●南極のファラデー基地

おまけ 20ポンド紙幣

1991年～2001年まで、イギリスで流通していました。

●かつての20ポンド紙幣

PART

4

実験「ロウソクの科学」の感動を再現する

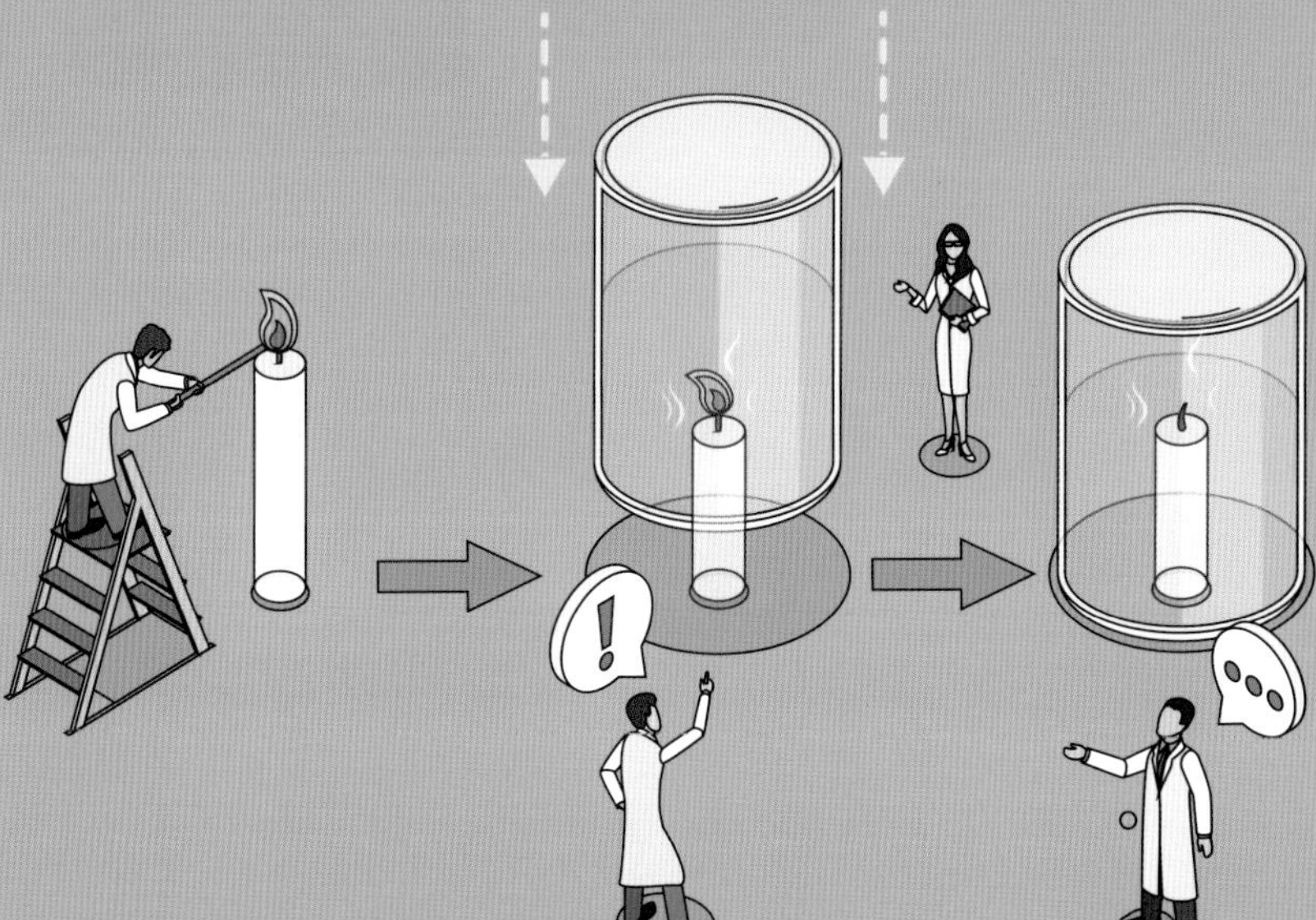

1日目

ロウソクは、なぜ燃えるのだろうか？

炎…燃料になるもの、炎の構造、移動性、明るさ

問題1 ロウソクの原料は何？

① あぶら

② 水

③ プラスチック

ファラデーのクリスマスレクチャーは、「ロウソクのつくり方」から始まります。ロウソクは現代では、日常生活で目にすることが少なくなってきました。上の写真のように、お寺や神社などで使われていたり、防災用品として備蓄されていたり、誕生日ケーキに立ててあるのをふき消したりするくらいでしょう。ロウソクが何でできているのか、よく知らない人も多いのではないでしょうか？　まずは、ロウソクの原料について、考えてみましょう。

ロウソクは、もともとウシの脂肪（牛脂）をかためてつくられていました。ファラデーの時代によく用いられていたのは、ゲイ＝リュサック（パート3参照）が製法を確立した「ステアリンロウソク」です。これは、牛脂から取りだした「ステアリン酸」という物質が主成分です。次ページの図にステアリン酸を、化学の世界で使ういろいろな表現で示しました。炭素（C）・水素（H）・酸素（O）という3種類の「原子」（ものをつくっている小さなつぶ）が、この図のよう

◆ステアリン酸（ろうそくの成分）

分子式　$C_{18}H_{36}O_2$

示性式　$C_{17}H_{35}COOH$

$CH_3(CH_2)_{16}COOH$

構造式

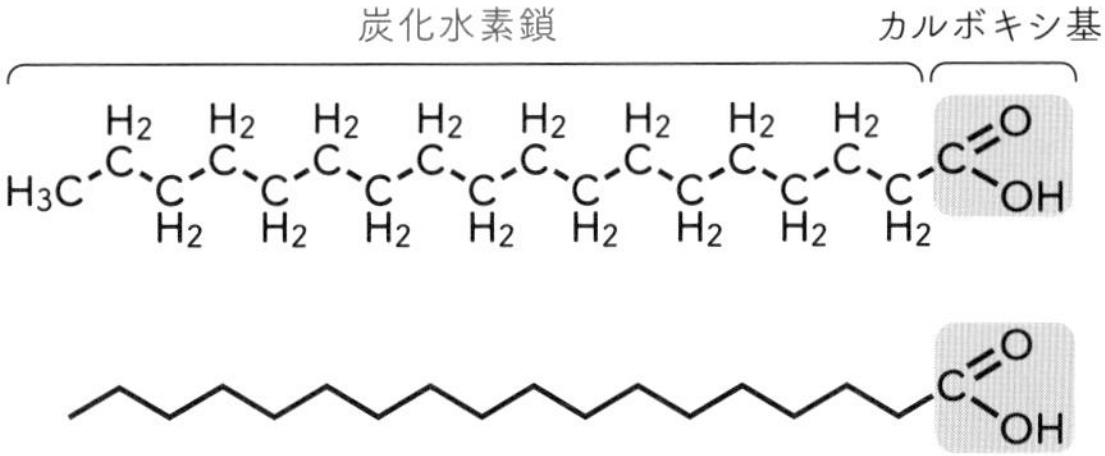

分子モデル（球棒）

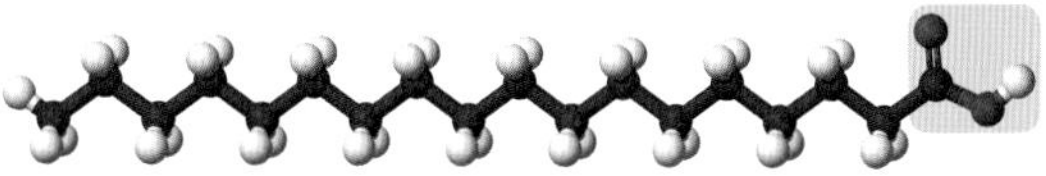

な並びかたでつながると、「ステアリン酸」という物質ができあがります。ここでは、炭素(C)と水素(H)が長く鎖のようにつながった「炭化水素鎖」の部分が大事です。この部分があるため、ステアリン酸は「水になじみにくい」「火をつけると燃える」という「あぶら」としての性質をもっています。現代でもステアリン酸は、ロウソクの原料として使われています。というわけで、**正解は①の「あぶら」です。**

　また選択肢の②や③は不正解でしたが、実はロウソクと深いかかわりがあります。ロウソクが燃えて、ステアリン酸のなかの水素(H)と酸素(O)が結びついてできるのが「水(H_2O)」です。ロウソクのなかに「水」の原料がかくれているわけですね。またステアリン酸のような「炭化水素鎖」をもつ物質をたくさんあつめてつなげていくと、プラスチックになります。つなげる物質の種類や数によって、いろいろな性質のプラスチックができます。

　ロウソクに火をつけ、燃えるようすを観察し

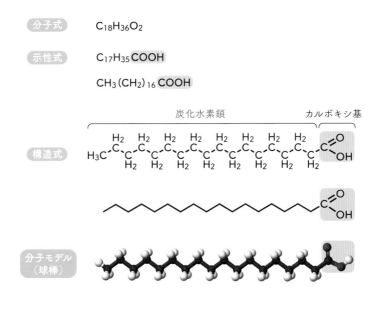

◆ロウソクの燃えるしくみ

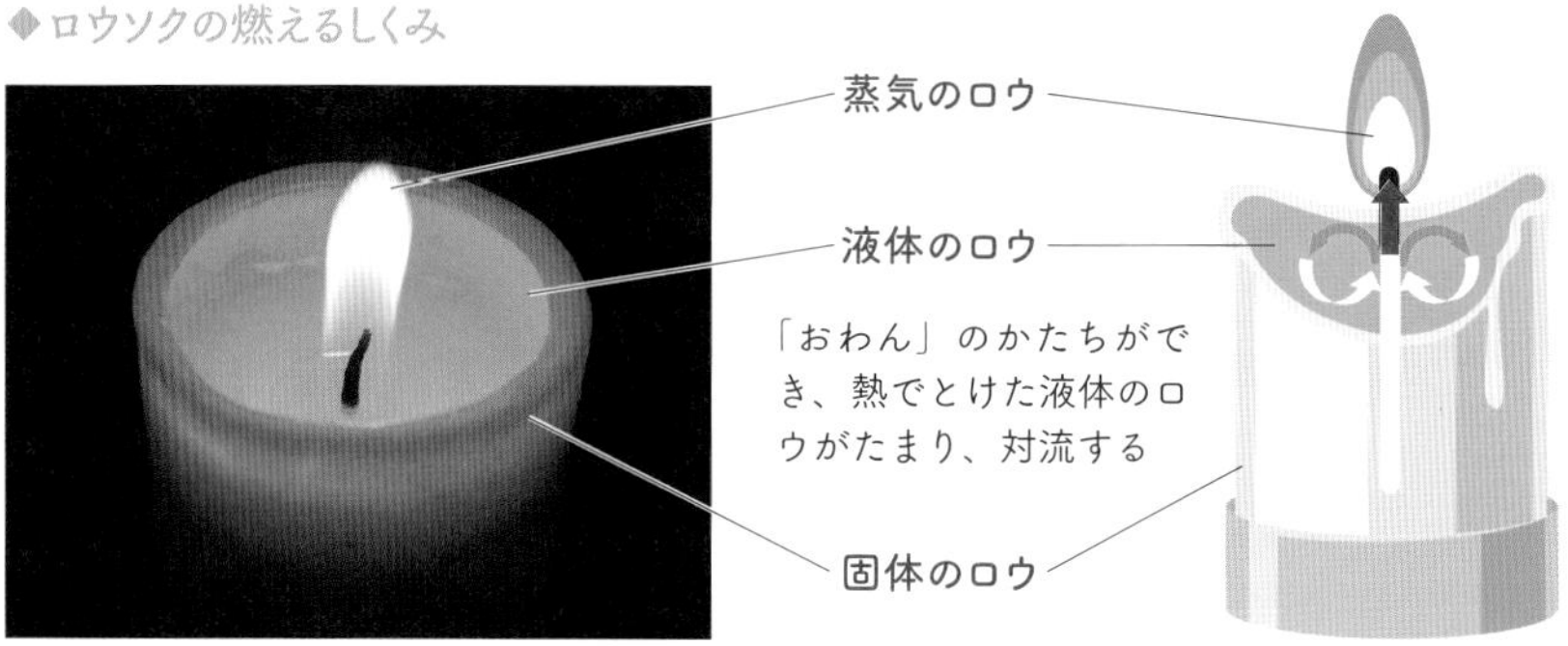
蒸気のロウ
液体のロウ
「おわん」のかたちができ、熱でとけた液体のロウがたまり、対流する
固体のロウ

◆ロウの対流

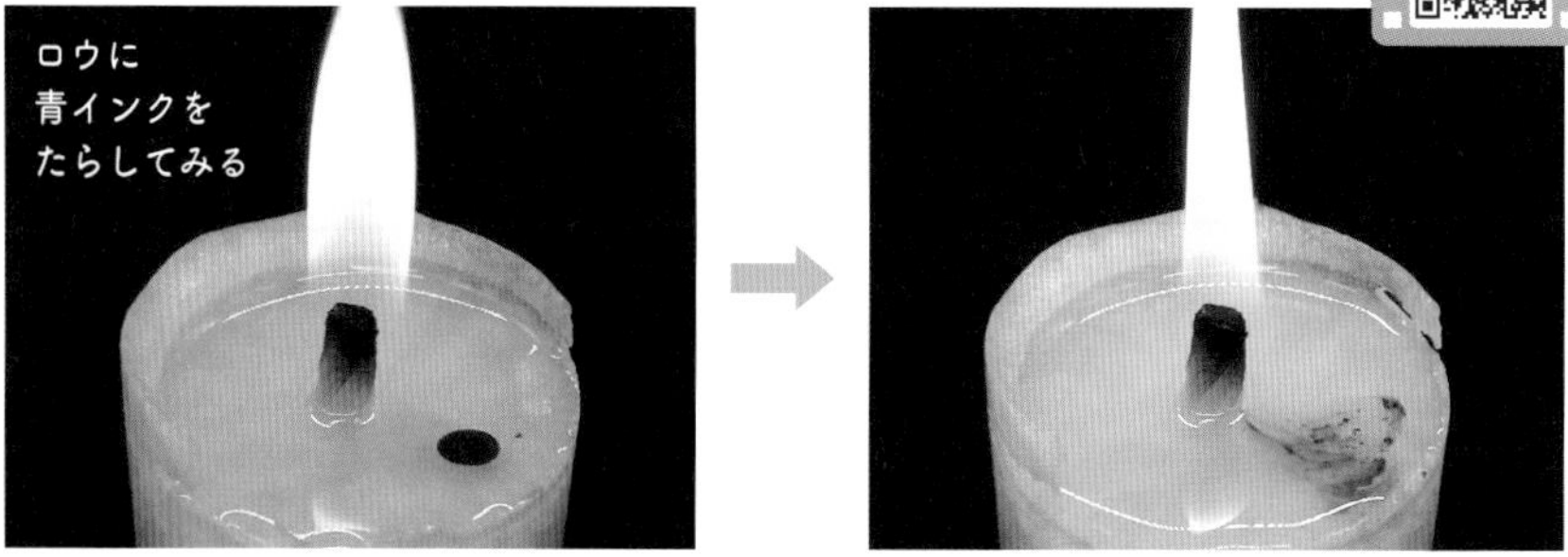
ロウに
青インクを
たらしてみる

ましょう（写真）。ロウソクが燃えると、芯のまわりに「おわん」のかたちができ、熱でとけたロウ（固体から液体になった「あぶら」）が、「おわん」にたまります。このロウのプールにインクをたらすと、プールを泳いで芯に吸い寄せられていきます（写真）。インクの一部は芯からはなれておわんの端まで行き、また芯に吸い寄せられます。この動きが「対流」です。

芯が「毛管現象」で液体のロウを吸いあげていますね。ファラデーは「毛管現象」を説明するため、食塩の山が色のついた食塩水を吸いあげる実験をしています。ここでは、ひも、ティッシュでつくったこより、プラスチックのストローを、色をつけたあぶらに同時にひたして、毛管現象を確認してみましょう（次ページの写真）。ストローがいちばんあぶらを吸いあげやすそうですが、ストローにあぶらはほとんど入っていきません。一方、ひもとこよりは、同じくらいのスピードであぶらを吸いあげました。ひもやこよりには、たくさんの「小さなす

◆毛管現象

◆蒸気に引火

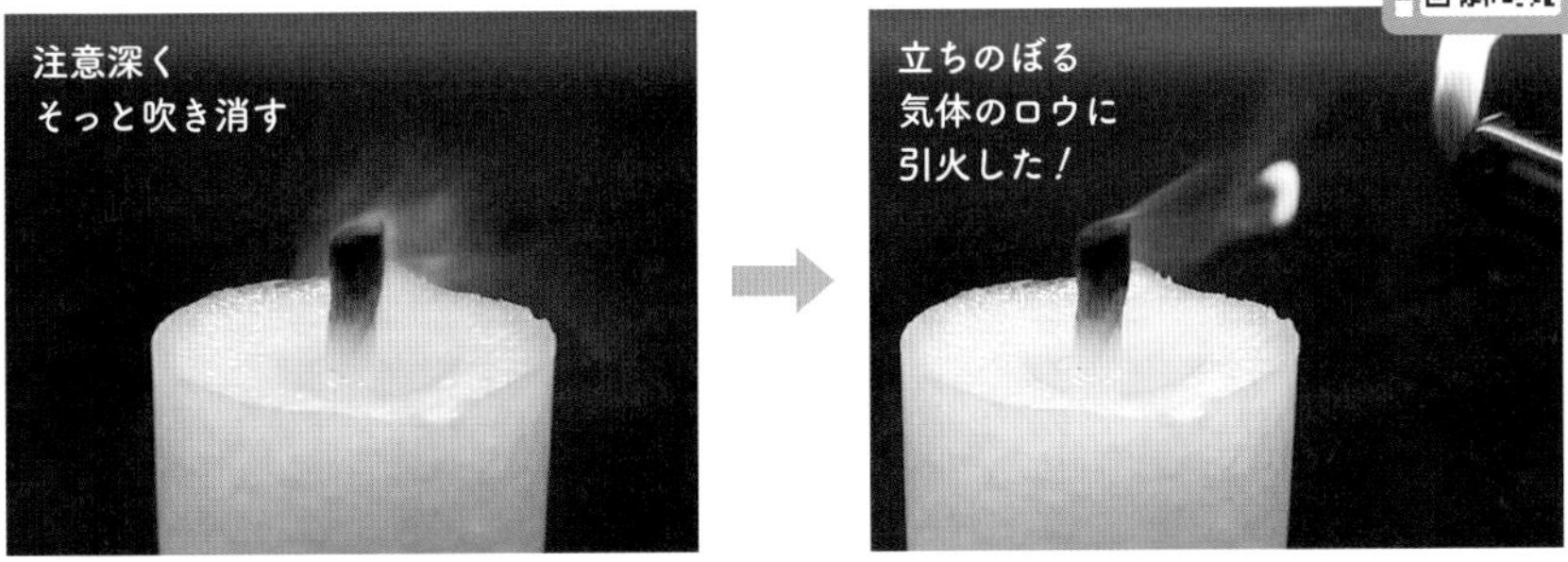

きま」があいていて、そこへあぶらが入りこんで、あぶらを吸いあげています。上まであぶらがのぼったあと火をつけると、ロウソクのように燃えます。

さて、芯に吸いあげられた液体のロウは、どうなるでしょうか。炎に近づけると、水が沸とうして水蒸気になるように、ロウも気体になります。この気体のロウが燃えて、ロウソクの炎ができているのです。ファラデーはそれを確かめるために、上の写真のような実験をしています。ロウソクの炎を注意深く消すと、気体のロウが炎の消えた芯から立ちのぼります。そこへすばやく炎を近づけると、立ちのぼる気体のロウを炎がすばやく伝い、再び火がつきます。このように、**ロウソクの原料である「あぶら」が、固体から液体、さらに気体に状態を変えて燃え、ロウソクの炎をつくりだしていることが、1日目の講演の重要なポイントです。**ファラデーはさらに炎がつくる上昇気流なども説明し、1日目の講演を終えています。

2日目

ロウソクは、なぜ輝くのだろうか？

光 … 空気が必要、水の生成

問題2 ロウソクは燃えるとどこへいく？

① この世界から完全に消えてなくなる

② 目に見えない別の物質に変わっていく

③ 目に見えないエネルギーに変わっていく

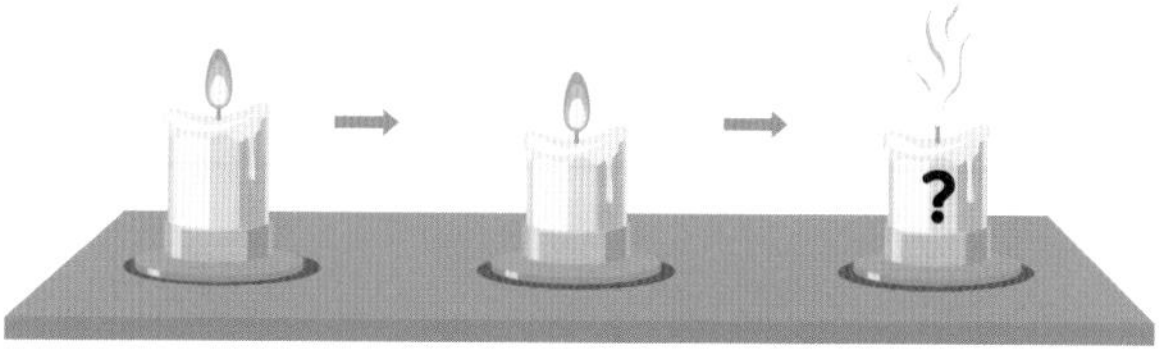

ロウソクが燃えつきたあとには、きれいさっぱり、何も残っていないように見えます。これはけっこう不思議なことです。さて、ロウソクはどこへいくのでしょうか？

２日目の講演で、ファラデーはロウソクの炎のなかで何が起こっているか、起こる結果としてどうなるのか、という話をします。では、その講演を見てみましょう。

まずファラデーは、次ページの写真のようにロウソクの炎の中心部分に、曲がったガラス管を差しこみました。すると、ガラス管のなかを、白い「もや」のようなものが通っていきます。この白い「もや」をびんに入れると、びんの底のほうにどんどんたまっていきます。これは、１日目の講演の最後に紹介した「ロウの気体」が冷えて液体や固体にもどり、細かいつぶとなったものです。これをファラデーは「蒸気」とよんで、「気体」と区別しています。当時、「気体」は「永久気体」とよばれ、「液体」にならないと考えられていたからです。しかしファラデー

◆燃える白い「もや」

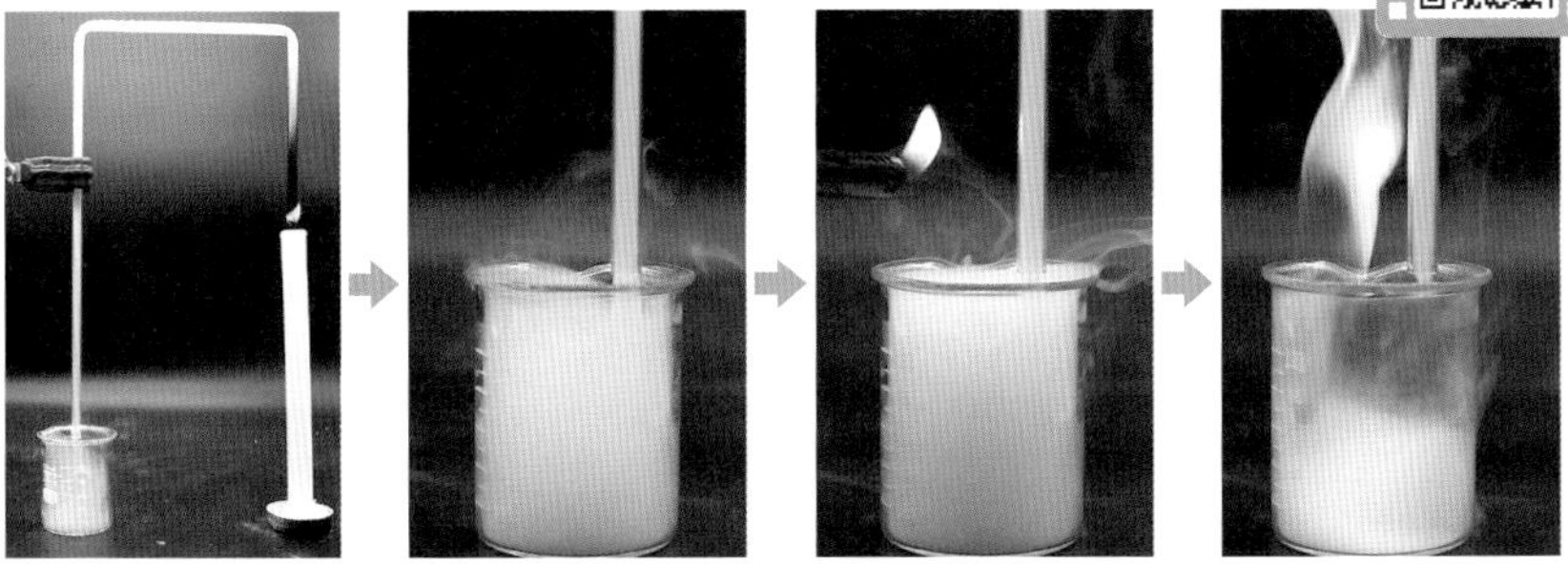

◆ガスをひくようにロウをひく

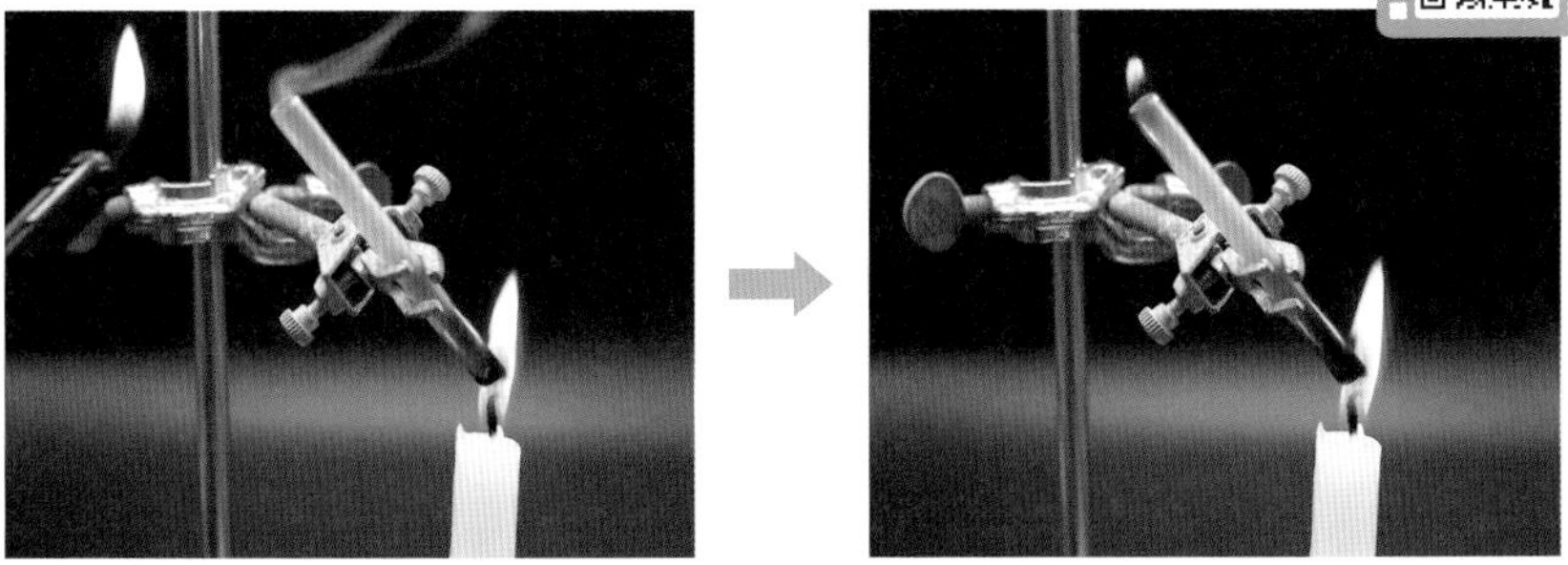

が、「永久気体」と考えられていた塩素を液体化したことがきっかけで（パート2参照）、いろいろな気体は液体に変化することがわかり、いまでは「永久気体」などという言葉は存在しません。いずれにしても、この白い「もや」は、ロウが温度によって状態を変えることで生みだされたものです。空気よりも重いので、びんの下のほうにたまっていきます。ここに火を近づけると、勢いよく燃えます。

次にファラデーは、先ほどの実験よりも短いガラス管をロウソクの炎の中心部分に差しこみ、出てきた「もや」に火をつけて、ロウソクの炎と同じように燃えることを示します（写真）。

さらにファラデーは、炎のなかに紙を水平に差しこむと、丸いこげ跡がつくことを示します。このことから、炎は中心ではなく外側のほうが熱いことがわかります。これらの実験から、炎のなかでは2種類の化学反応が起こっていると考えられます。炎の中心部ではロウの気体が生みだされる反応が、炎の外側では中心部で生みだされた気体が燃える反応が、それぞれ起こっているのです。また次ページの実験のように、燃えているロウソクをびんに入れると、やがて炎は消えてしまいます(写真)。空気がなくなったわけではないのに、炎はそれ以上燃え続けることができなくなります。炎が燃えるためには、「新鮮な空気」が必要というわけです。

　どうやら、**ロウソクが燃えることで生みだされた(あるいは、なくなっていった)「目に見えない何か」が、空気を変化させてしまったために、ロウソクの炎が消えた**ようですね。

　次にファラデーは炎の中心部から少し上の部分に、先ほどのガラス管を差しこむ実験をしています。すると今度は次ページの下の写真のように、白ではなく真っ黒な「もや」が出てきます。別のロウソクの火を近づけても、白い「もや」のときのようには燃えません。それどころか、近づけたロウソクの火は消えてしまいます。この真っ黒な「もや」の正体は、「炭素」を主成分とした小さなつぶです。一般的に「すす」とよばれているもので、ロウの気体が高温で変化してできたものです。ロウソクの原料である「ステアリン酸」は、「炭素」と「酸素」と「水素」の3種類の原子でできていましたね。その3種類のうちのひとつです。

　ロウソクの炎が明るく輝くのは、この「炭素のつぶ」が、高温になることで光を放つからです。キャンプなどで木炭に火をつけたことがある人は、イメージしやすいかもしれません(写真)。炎にさらされて高温になった木炭が、赤く光りながら、ゆっくり燃えていきますね。木

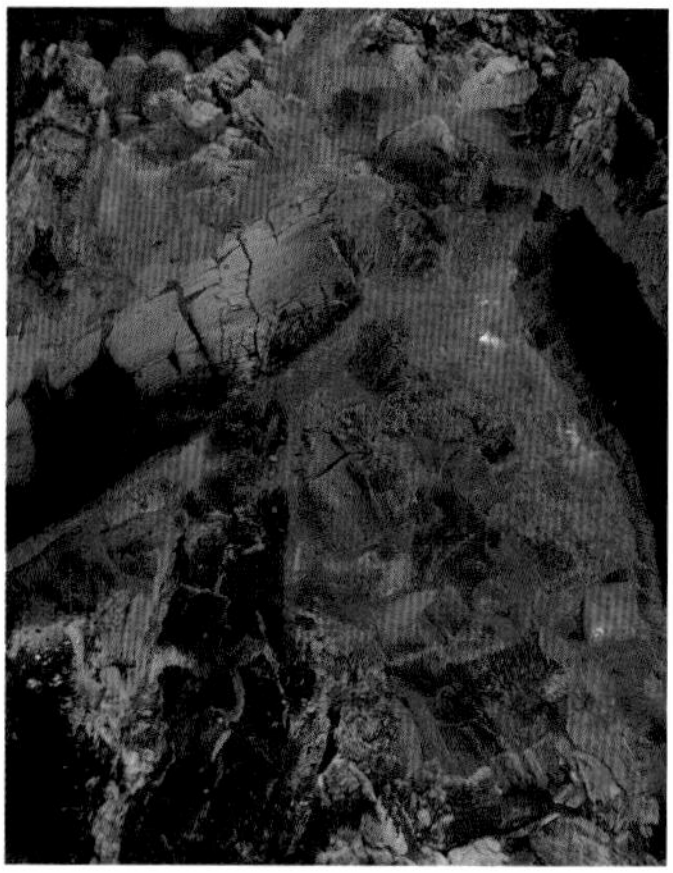

◆新鮮な空気

◆真っ黒な「もや」

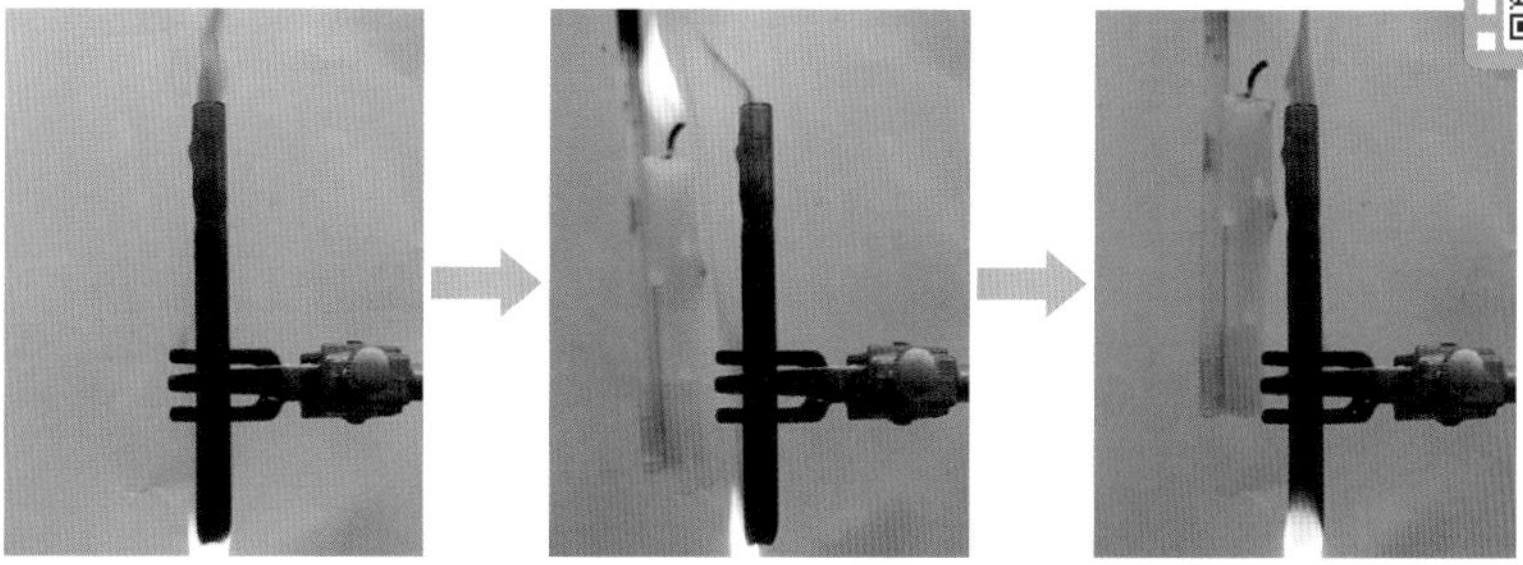

炭はその名のとおり、木材（ステアリン酸と同じく、炭素・酸素・水素がおもにふくまれる）を蒸し焼きにして、炭素のかたまりにしたものです。

ファラデーはロウソクの炎のなかでは、ロウの気体だけでなく、それが変化してできたすすの固体も「燃えている」と表現しました。これは厳密には、すこしちがいます。「燃えていること」と、「光っていること」は、別の現象です。そもそも「燃える」とは、どういうことでしょうか？　それは、**「高温の物質が、酸素と結びつき、光や熱を激しくだしながら、別の物質に変わっていくこと」**です。この「酸素」が、空気のなかに十分ふくまれていないと、ものは燃えません。ファラデーが「新鮮（しんせん）な空気」と表現したのは、「酸素を十分ふくむ空気」のことでした。酸素については、4日目の講演で、くわしく出てきます。

さて、ファラデーはこの2日目の講演のなかで、白金の細い線を炎のなかに入れると、明る

◆非接触体温計

く光り輝くという実験をしました。これを「燃える」と表現していますが、白金の細い線は、炎から取りだすと元の銀色にもどり、なくなったり、別のものに変わったようすはありません。これは、どういうことでしょうか？

実はすべてのものは燃えていなくても、その温度に応じた種類や強さの光をだしています（「黒体放射」といいます。パート３のキルヒホッフやプランクの説明などを参照）。私たちの体からも、赤外線という種類の目に見えない光が出ています。体温が高いほど、出てくる赤外線は強くなります。感染対策のために建物の入口に設置してあるサーモグラフィーや非接触体温計は、人体から出ている赤外線の強さを測ることで体温を計算しています（図）。ロウソクの炎は、一番温度の高いところで１４００℃くらいになっています。この温度の物体からは、目に見えない赤外線だけでなく、目に見える明るい光（可視光線）もたくさん出てきます。これが、ロウソクの光の正体です。ファラデーの時代には、まだ黒体放射という現象は発見されたばかりで（１８５９年、キルヒホフ）、その理論が完成するのはファラデーが亡くなったあとですから（１９００年、プランク）、ファラデーが「燃えること」と「光ること」をいっしょにしたのも無理はありません。

これでようやく、最初の問題の正解が見えてきましたね。「燃えること」が「酸素と結びつき、別の物質に変わっていくこと」であれば、選択肢②の「**目に見えない別の物質にかわっていく**」が正解と考えられます。ファラデーは、ロウソクの炎にガラス管やガラスびんをかぶせて、ガラスの表面がくもる実験を見せ、「水ができる」ということを示して、２日目の講演をしめくくっています。

実験①

すす以外のものも、高温にすると光るのか？

◆シャープペンシルの芯は燃える？

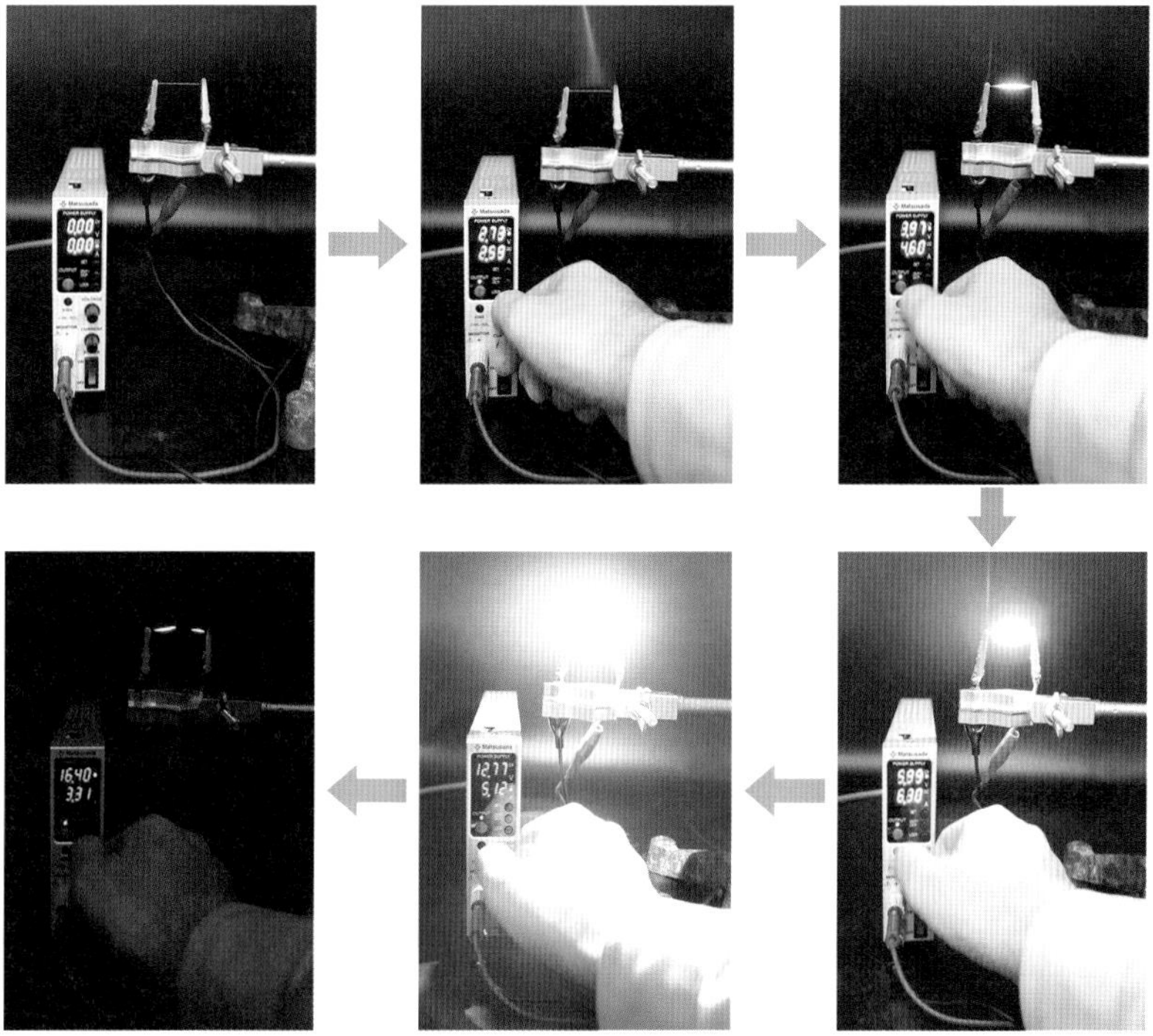

シャープペンシルの芯（「すす」と同じ炭素のかたまり）に電気を流すと、ジュール熱によって高温になり、ロウソクの炎と同じように明るく輝きます。

空気中では酸素と反応して燃えつきてしまいますが、空気をぬいたガラス球にとじこめた状態で実験すると、長時間光り続けます。これが、エジソンが1879年に発明した白熱電灯の原理です。初期の白熱電灯には、日本の石清水八幡宮の近くの竹を細く切って蒸し焼きにしたものが使われていました。石清水八幡宮には、エジソン記念碑があります。

3日目

燃えてできるのは水だ!!

燃焼の産物… 水の性質、化合物、水素

問題3 どれも「水」という文字が入っていますが、「本物の水」と一番関係がある物質はどれ？

① 水銀

② 水素

③ 水晶

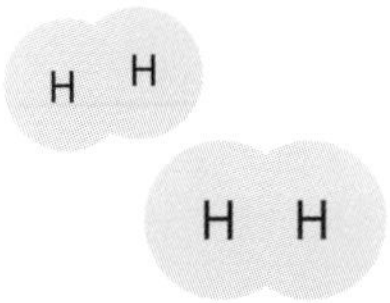

2日目の講演の最後にファラデーは、ロウソクの炎にガラスびんをかぶせて、ガラスの表面がくもる実験を見せ、「水ができる」ことを示しました。水は、人間が生きていくうえで欠かせない物質です。古代ギリシャの時代から18世紀ごろまでは、水は元素のひとつとして、いろいろな物質のもとになると考えられていました。いまでも、名前に「水」という文字が入った物質がたくさんありますが、実際の水とは関係ないものも多いです。

問題3の答えは、ファラデーの講演のなかで明らかになってきます。まずファラデーは次ページの写真のように氷と塩を入れた容器をロウソクの炎にかざし、容器の底に水滴ができることを示しています。

ファラデーはこれが水であることを確かめるために、金属のカリウムにふれさせて、カリウムが燃えあがる実験をしています。しかしこれは、爆発することもある危険な実験なので、私たちはもっと安全な方法で、水であることを確

◆ロウソクが燃えてできたものを調べる

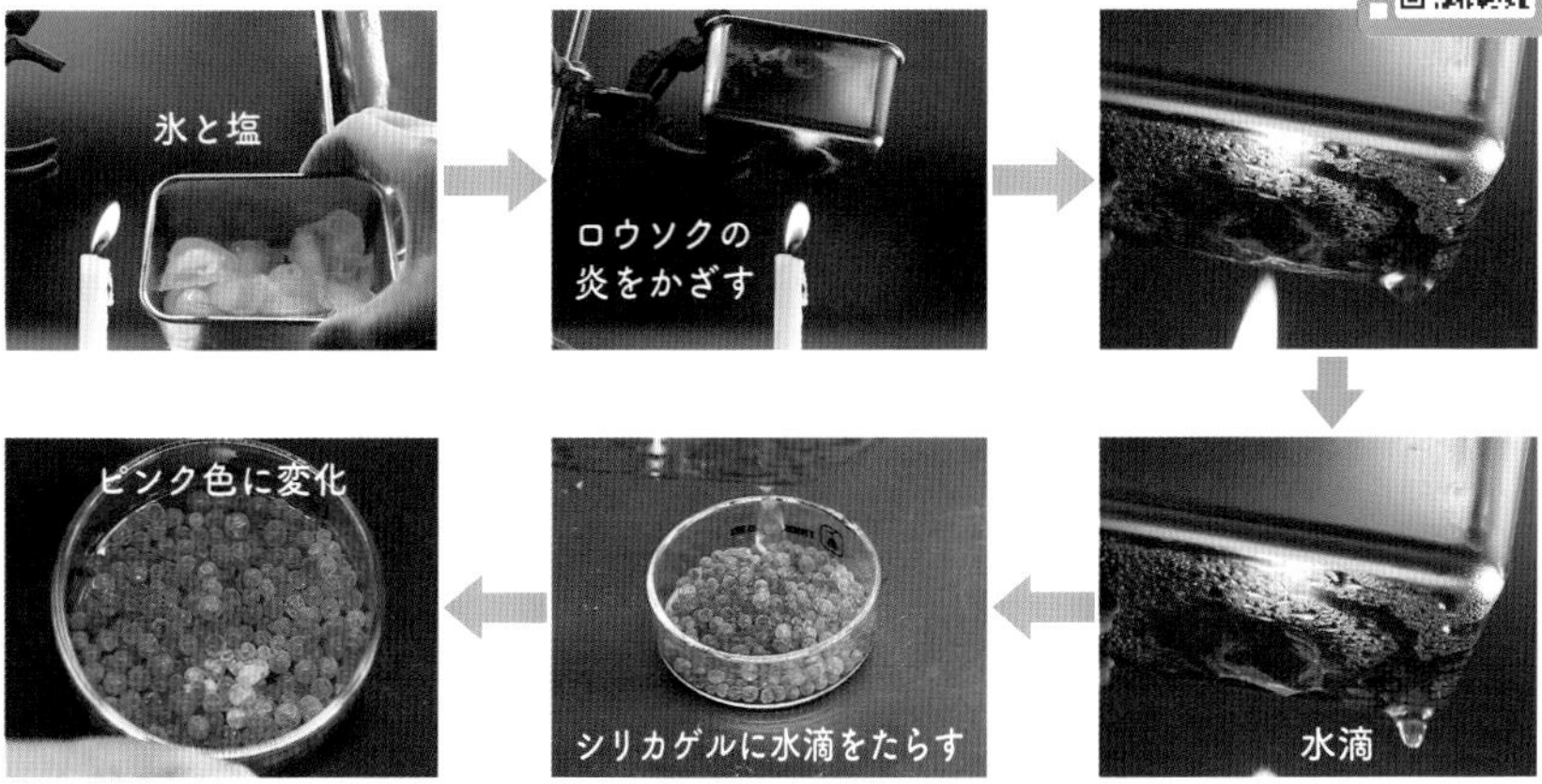

◆シリカゲル

シリカゲル

元の色は青色

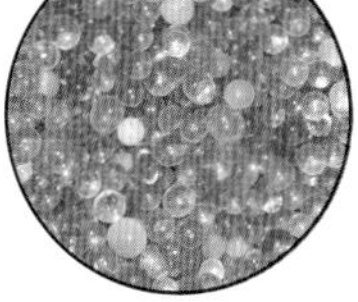
吸湿後はピンク色

かめましょう。

お菓子のふくろなどに乾燥剤として入っている「シリカゲル」を使います（写真）。もともとの「シリカゲル」のつぶは無色透明ですが、青いつぶが混ざっていることがあります。湿気を吸うと、この青いつぶがピンク色に変わります。この青いつぶには「塩化コバルト※」という物質がつけてあります。塩化コバルトは乾燥した状態では青色ですが、水がくっつくとピンク色になる性質があります。塩化コバルトの色で、シリカゲルがまだ乾燥剤として使えるかどうかを目印にしているわけです。ちなみにピンク色になったシリカゲルでも、十分に乾燥させると青色にもどり、再び使えます。

つまり、この塩化コバルトのついた青いシリカゲルを使えば、ロウソクが燃えてできたものが水かどうか、確かめることができます。わかりやすいように、塩化コバルトのついた青いシ

※塩化コバルトは体に悪いので、なめて色が変わるかを試したりしないでください。

◆水の状態変化

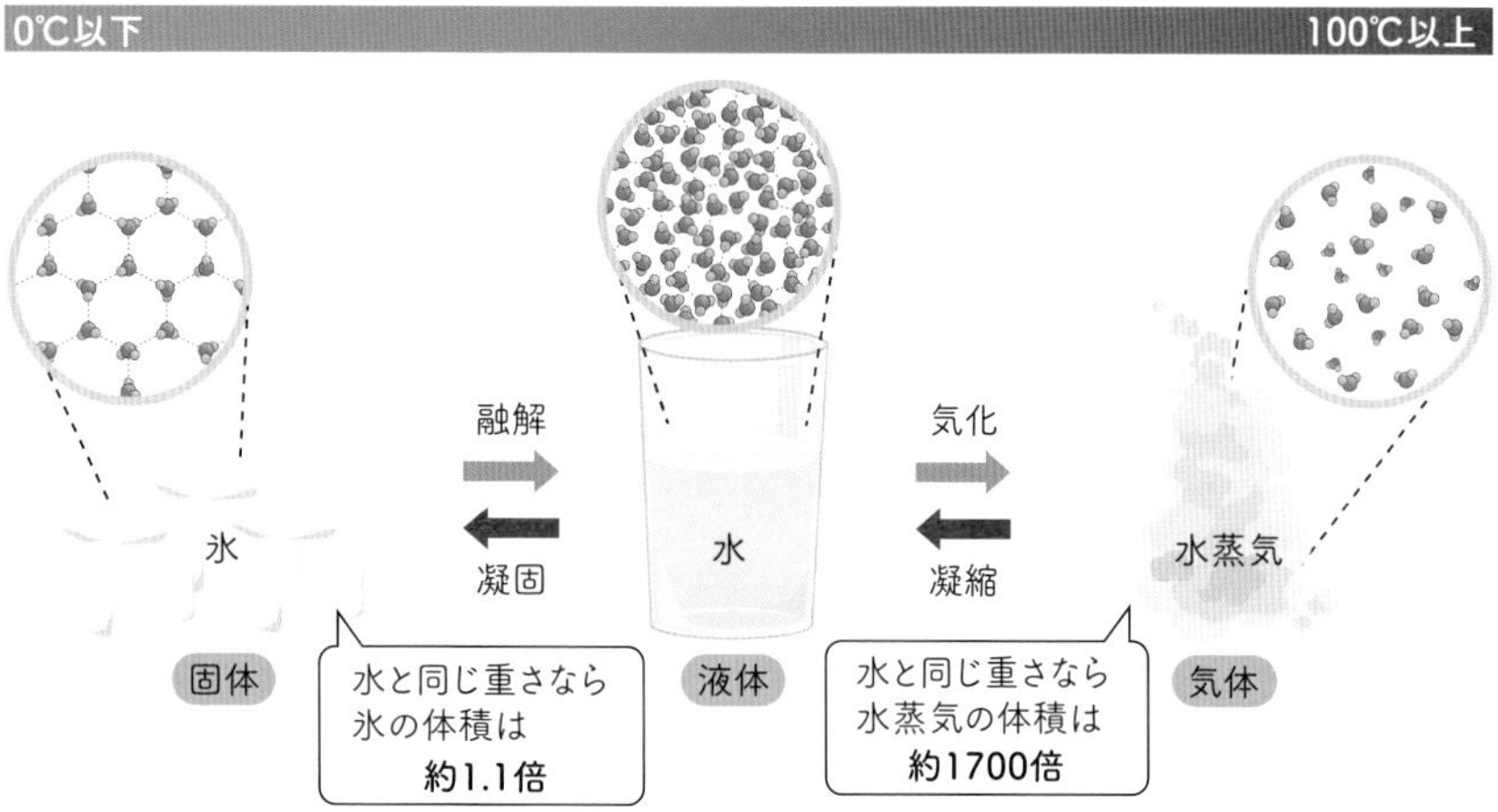

◆水蒸気を冷やす実験

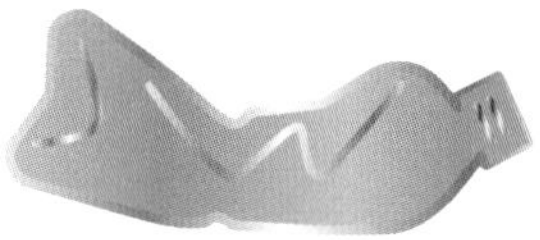

水蒸気を冷やすと水にもどる。水と水蒸気は体積比で1：1700。容器のなかが真空になる。

リカゲルのつぶだけを集め、そこに、さきほどロウソクの炎にかざした容器の底にできた水滴をたらしてみます。すると、水滴をたらしたところだけ、シリカゲルの色が青からピンク色に変わりました。これで、確かに水ができていることがわかりました。

　ロウソクの代わりにアルコールランプやオイルランプの炎をつかって同じ実験をしても、やはり水滴ができます。燃える炎のなかから、炎とは相いれないはずの水ができるのは、とても不思議なことです。この水は、どこから来たのでしょうか？

　ファラデーは、水は氷・水・水蒸気と、状態をさまざまに変化させることにふれながら、水の性質を説明していきます（上段の図）。液体の水がこおって氷になるときに体積が大きくなることや、逆に沸とうして水蒸気になるときにも体積が非常に大きくなることを、金属の容器が破裂（はれつ）したりつぶれたりするダイナミックな実験で示しています（下段の図）。

◆炉を使ったファラデーの実験

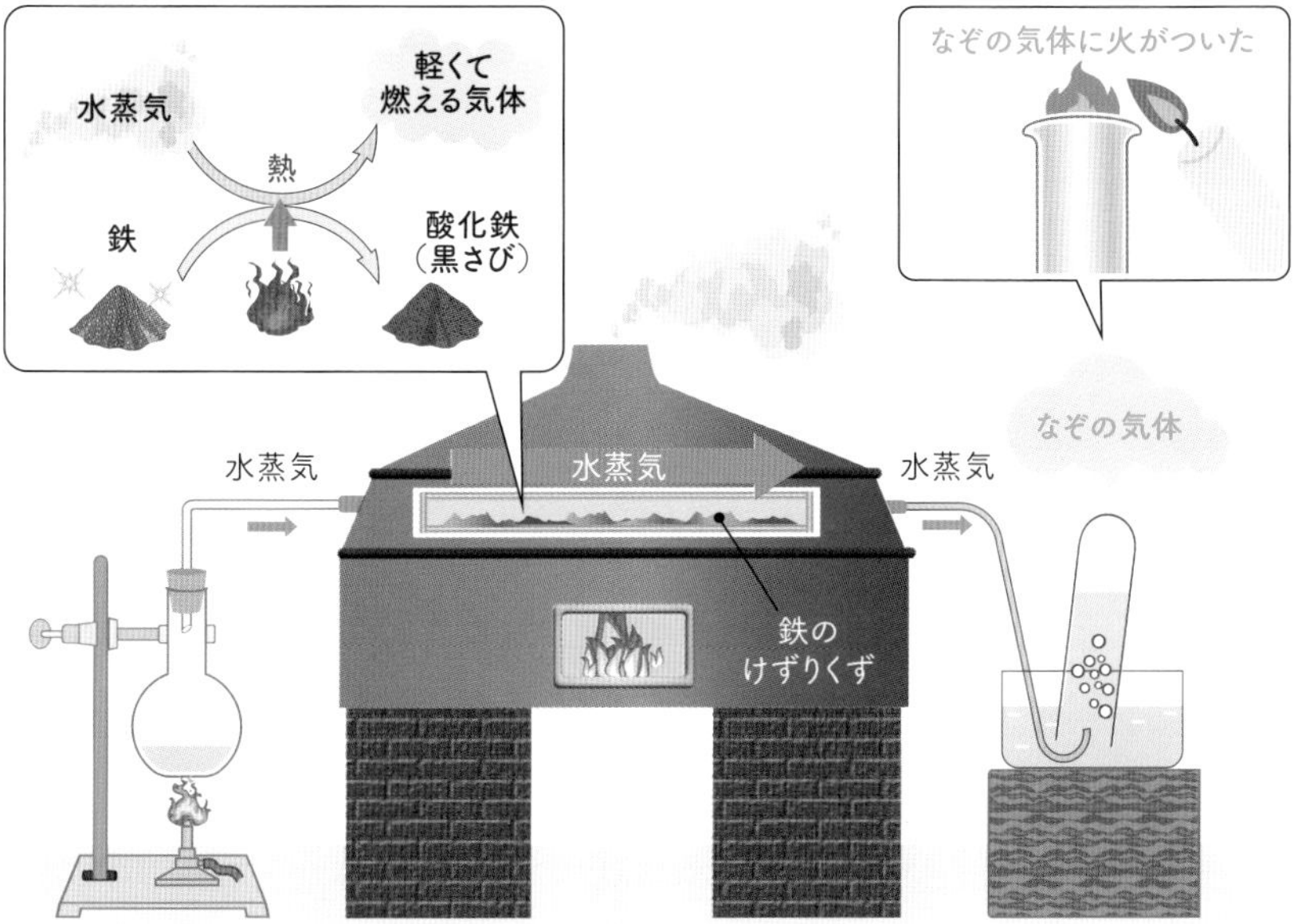

次にファラデーは水を沸とうさせて水蒸気をつくり、鉄のけずりくずをつめた鉄管を通過させます（図）。この鉄管を加熱すると、**水が鉄と反応して分解され、別の物質に変わります。**

さて、この物質は何でしょうか。この物質は非常に軽い気体で、逆さにしたびんのなかに集めることができます。このびんに火を近づけると、炎をあげて燃えます。この気体の正体は、**水素**でした。

水素は、現代では石油に代わるエネルギー源として、また二酸化炭素をださないクリーンな燃料として、注目されています。石油やロウソクなど、炭素をふくむ物質が燃える（＝酸素と結びつく。2日目参照）と、二酸化炭素ができます。一方、水素が燃えると、二酸化炭素ではなく水ができます。文字どおり「水の素」ですね。つまり、水のなかには水素原子がふくまれていて、この実験のような方法で水を分解すると、水素を取りだすことができるのです。

ファラデーは亜鉛に硫酸を加えても水素が

◆亜鉛に硫酸を加えて水素をつくる

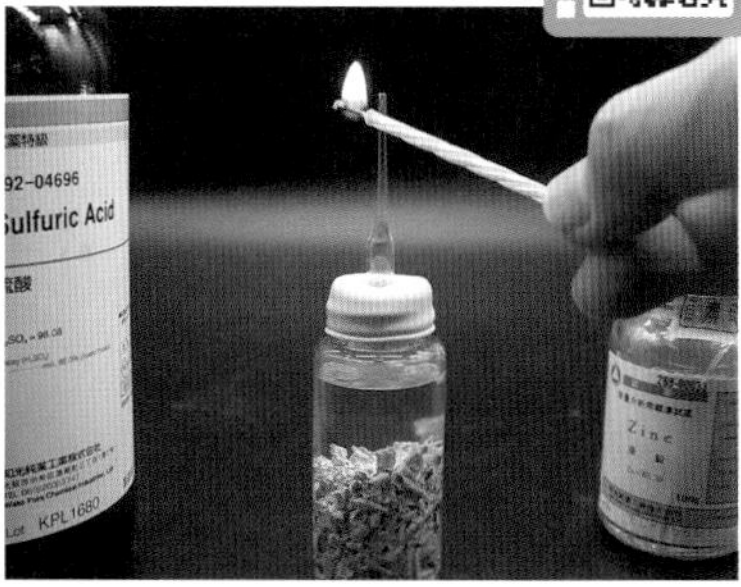

◆賢者の灯

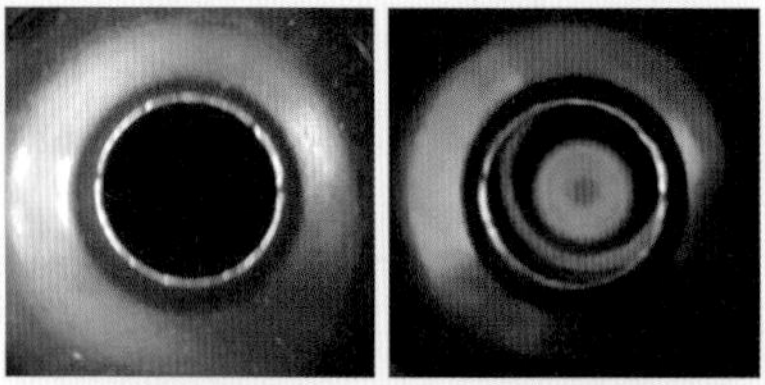

ガスクロマトグラフという実験装置のなかで、安全に燃やした水素の炎。左は点火前、右は点火後。

危険！

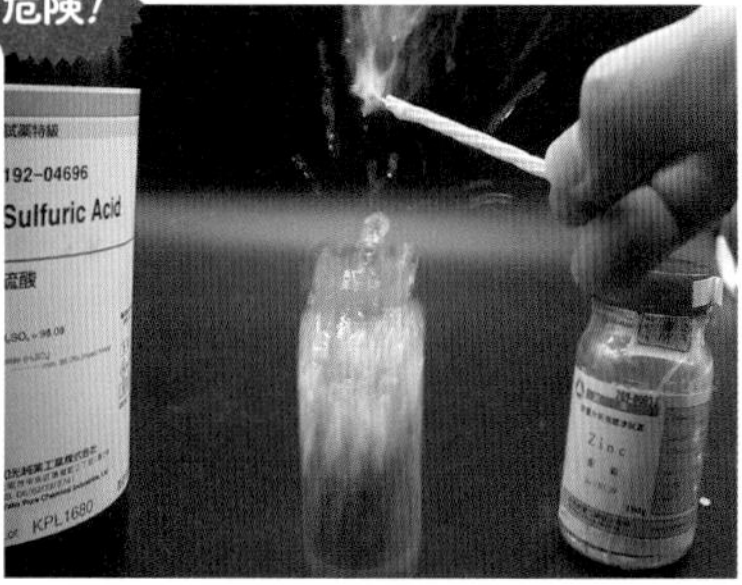

失敗して爆発した！

つくれることを示しています。こちらのほうが、学校の実験などで水素をつくる方法としては有名かもしれませんね（このとき、ファラデーは「亜鉛の被膜を酸がはがすことで、亜鉛と水が反応し、水素が発生する」と説明していますが、実際には酸のなかの水素イオンが還元されて水素が発生しています）。そして、水素を燃やした炎から得られた水滴を使っても、さきほど説明したカリウムが燃える実験や、シリカゲルの色が変わる実験ができることから、水素が燃えると水ができることがわかります。どのように発生させた水素でも、燃えると水ができるのは同じです。ロウソクの炎から水が得られたのは、**ロウソクの成分のなかにふくまれていた水素原子が燃えて水ができたから**だったのですね。

そしてファラデーは「家で楽しみながら実験できるように」と、「賢者の灯」とよばれる実験を見せています。亜鉛と硫酸をびんに入れ、管のついたふたをして、管から出てきた水素に

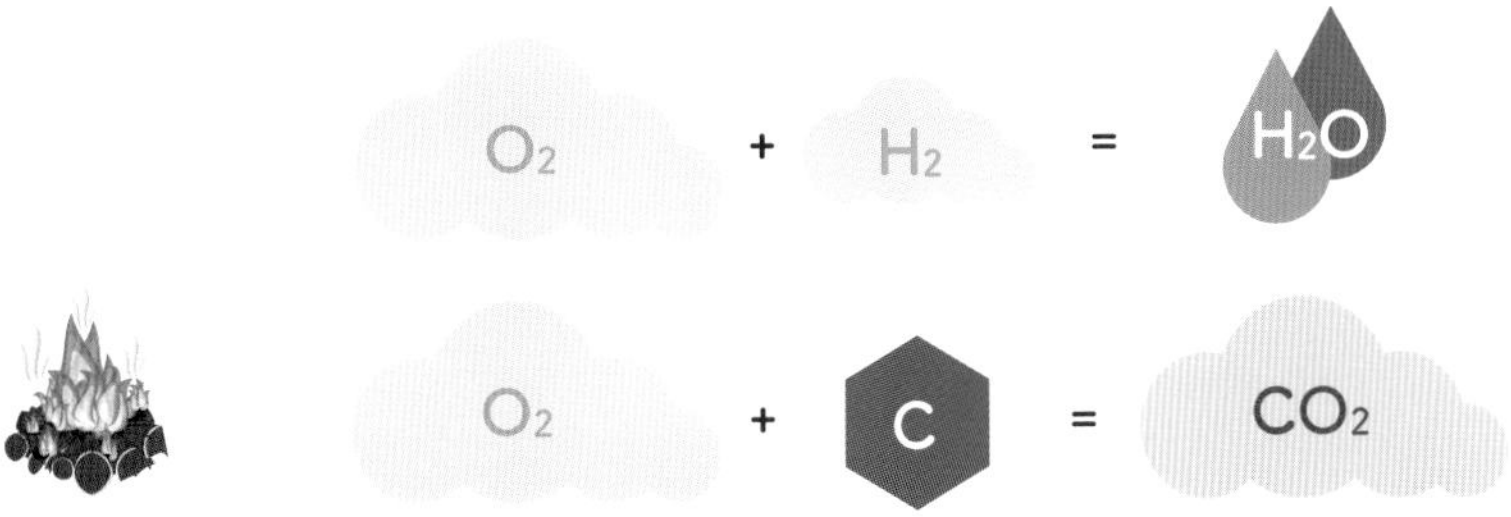

火をつけると、弱い炎をあげて燃える実験です。しかし、さきほどのカリウムが燃える実験と同様に、家で硫酸や水素を使って実験するのは、おすすめできません。94ページの写真は、失敗して爆発したようすです。勢いよくガラス管が飛びだしたり、酸がこぼれたりして、とても危険です。

　というわけで、問題3の答えは、燃えると水ができる「水素」でした。不正解の選択肢の「水銀」は、「水のように」流れる常温で液体の金属の名前で、「水晶」は「氷のような」無色透明の石の名前です（古代の人びとは水の化石だと信じていたようです）。ちなみに「水銀」も「水晶」も、ファラデーにかかわりのある物質です。水銀はモーターの実験のときに、水晶はファラデー効果を起こす材料として使われています（それぞれパート2参照）。

　ファラデーは、3日目の講演の最後に「ボルタ電池」をつかって電気火花を飛ばしてみせ、4日目の予告をして講演を終えています。

実験②

水の状態変化をあやつって、雪の結晶をつくる

◆雨や雪がふるしくみ

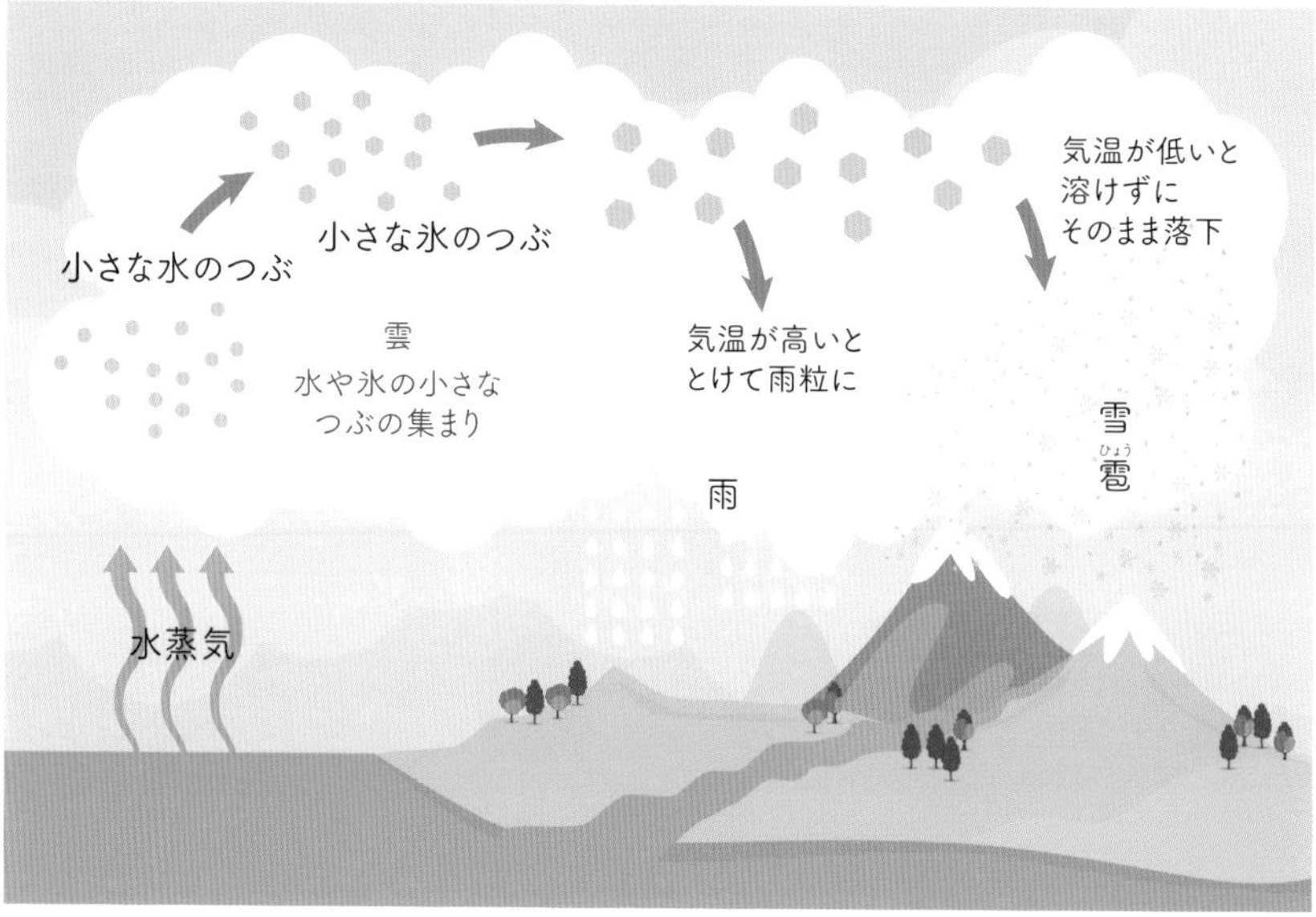

ロウソクが燃焼すると水ができます。水は、温度によって固体・液体・気体と状態変化をします。雨や雪がふってくるときも、この状態変化が起こっています。

この状態変化を人工的に起こし、「雪」をつくることもできます。中谷宇吉郎博士が1936年に世界で初めて人工雪をつくりました。その原理をもとに人工雪成長装置を再現し、雪をつくってみましょう。

ガラスの筒の下部に電気ヒーターを、上部に氷と塩をつめた冷却箱を仕こんでいます。筒の下で水（液体）を加熱してできた水蒸気（気体）が筒を上にのぼっていくと、冷却箱で冷やされて氷のつぶ（固体）になります。この氷のつぶが成長すると、人工雪ができるというわけです。

中谷宇吉郎博士は、いろいろと条件を変えて実験をくり返し、筒のなかの温度や水蒸気の量で、雪の結晶の形が決まることを発見しました（中谷ダイヤグラム）。これ

◆人工雪成長装置の再現

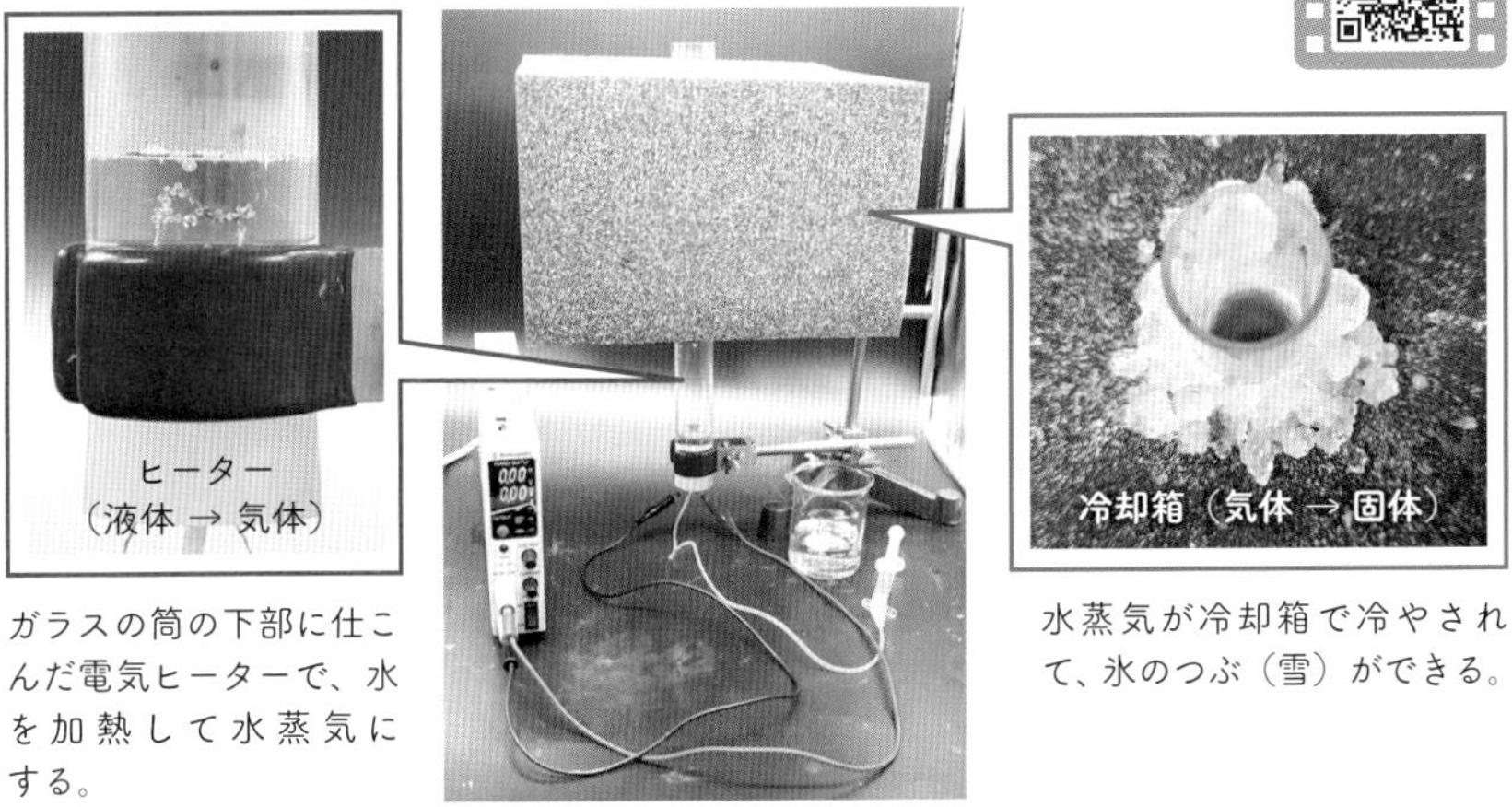

ガラスの筒の下部に仕こんだ電気ヒーターで、水を加熱して水蒸気にする。

水蒸気が冷却箱で冷やされて、氷のつぶ（雪）ができる。

◆中谷ダイヤグラム

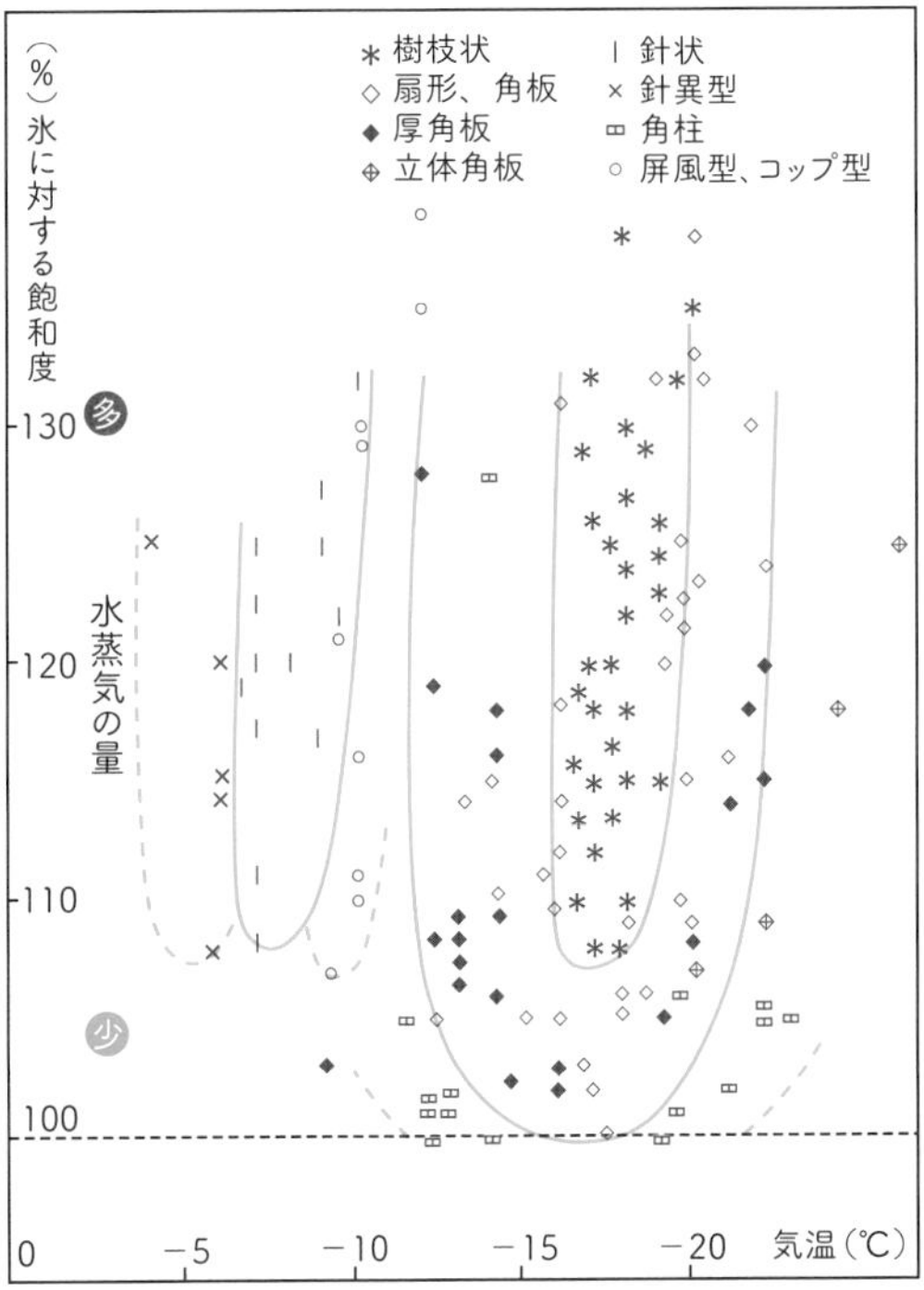

©中谷宇吉郎雪の科学館

◆雪の結晶

を応用すれば、ふってきた雪の結晶の形を観察することで、その雪がつくられた上空の大気のようすがわかり、天気予報などに役立てられます。それを中谷宇吉郎博士は「雪は天から送られた手紙である」と表現しました。

4日目

水素もできる

水をつくる2つの元素 … 水素と酸素

問題4 次のうち、「酸素」が直接かかわっていないのはどれ？

① 食べたものが、胃酸で消化されていく

② ガソリンを使わない燃料電池自動車が走っている

③ 地球の上空にオゾン層ができ、紫外線から私たちを守ってくれている

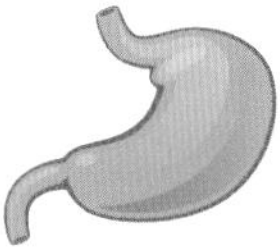

これまでの3日間の講演で、ロウソクが燃えると水ができ、その水には水素原子がふくまれていることを学びました。4日目の講演のタイトルには「The Other Part of Water——Oxygen」、直訳すると「水のほかの部分：酸素」となります。4日目は水の「水素以外の部分」、つまり酸素が主役です。酸素も水と同じように、人間が生きていくうえで欠かせない物質です。地球の空気の21%が酸素で、人間の呼吸に使われるほかに、いろいろな反応を起こします。3日目の主役だった水素は「水の素」と書き、文字どおり燃えると水ができましたね。さて、酸素は「酸の素」と書きますが…ここで問題です。

4日目の実験では、まず硝酸という強い酸で金属の銅を溶かしています。さっそく、問題の選択肢の①に近い実験が登場しましたね（ちなみに胃酸には、硝酸よりも少し弱い塩酸がふくまれています。塩酸では銅は溶けません）。はたして、この反応は酸素がかかわっているの

◆硝酸で銅をとかす実験

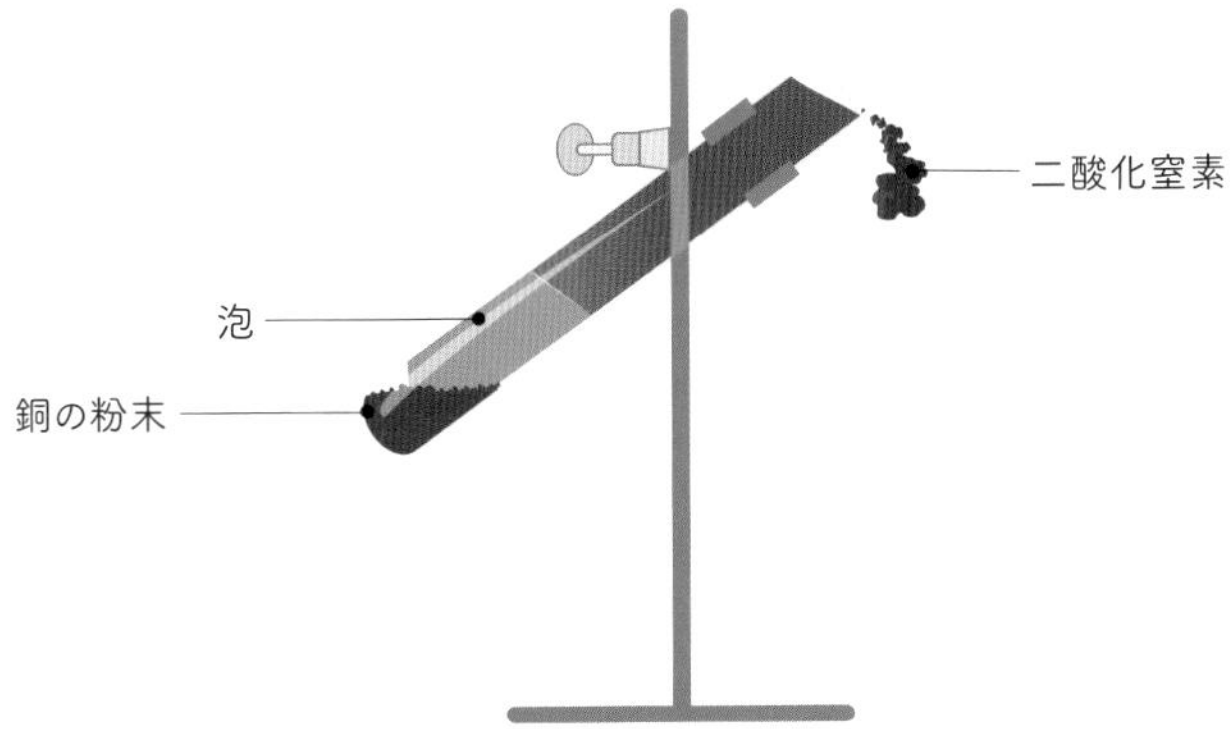

Cu	+	$4HNO_3$	→	$Cu(NO_3)_2$	+	$2H_2O$	+	$2NO_2$
銅		硝酸		硝酸銅		水		二酸化窒素

でしょうか。よく見ると、茶色の煙(けむり)のようなものがたくさん出ています。これをファラデーは「きれいな赤い蒸気」といっていますが、実際にはあまりきれいな色ではなく、しかもとても有毒な気体「二酸化窒素(ちっそ)」です。しばらくして茶色い煙が出なくなると銅は完全に溶け、きれいな青緑色の液体ができています。化学反応式は上記のとおりです。

「銅」と「硝酸」が反応して「硝酸銅」と「水」と「二酸化窒素」ができていることがわかります。ここに「酸素(O_2)」は登場していません（二酸化窒素のなかの「O_2」は窒素(N)とくっついているので、酸素(O_2)とはまったく別の状態になっています）。選択肢の①が、「酸素が直接かかわっていない反応はどれ?」という問題の正解のような気がしますね。もう少し、ファラデーの講演をのぞいてみましょう。

ファラデーは3日目の講演の最後に紹介したボルタ電池を使って実験をします（次ページ

◆ボルタの電たい

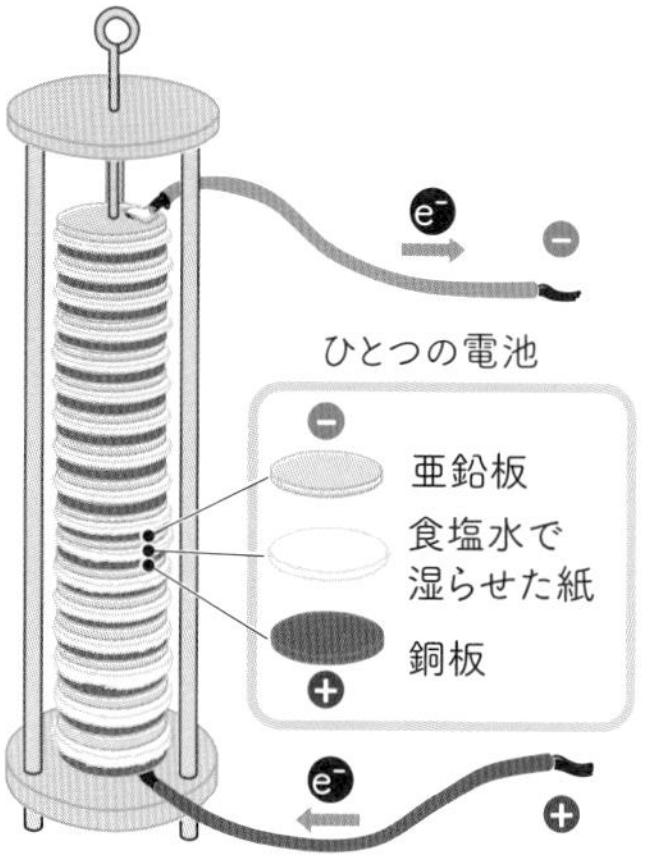

◆ボルタの電池

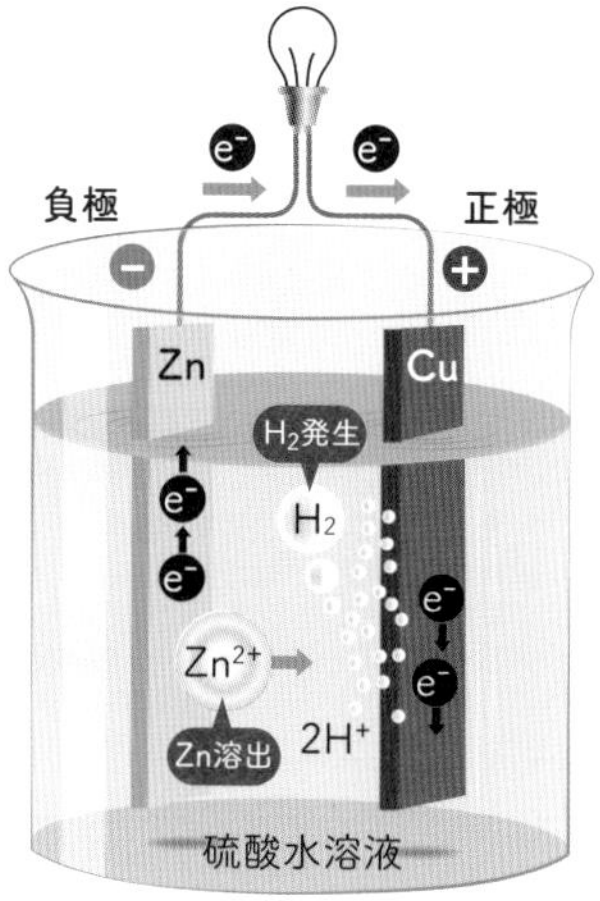

負極	$Zn \rightarrow Zn^{2+} + 2e^-$
正極	$2H^+ + 2e^- \rightarrow H_2$
全体	$Zn + 2H^+ \rightarrow Zn^{2+} + H_2$　※これ以外の反応も起こる

図）。電池はファラデーの時代には、まだ発明されて間もない最新技術でした（パート3参照）。金属のなかには、「電子（e^-で表す）」とよばれる「電気の素」がたくさんつまっています。これをうまく取りだして一方向に流れるようにすると、電流が生まれます（ちなみにボルタやファラデーの時代には、まだ「電子」は発見されていません）。ボルタの電池は電子の取りだしやすさがちがう2種類の金属を組みあわせ、電子を取りだしやすい金属（図では亜鉛Zn）から、取りだしにくい金属（図では銅Cu）に電子を移動させて、電流をつくるしくみです。原理さえわかれば、パート2で解説したとおり簡単につくることができます。

現在使われている乾電池や太陽電池も、2種類の物質を組みあわせ、電子を取りだして移動させるという、同じ原理で電気を生みだしています。マンガン乾電池の原理も示しました（次ページの図）。電子を取りだしやすいほうの金属はボルタの電池と同じ亜鉛Znですが、取りだ

◆マンガン乾電池

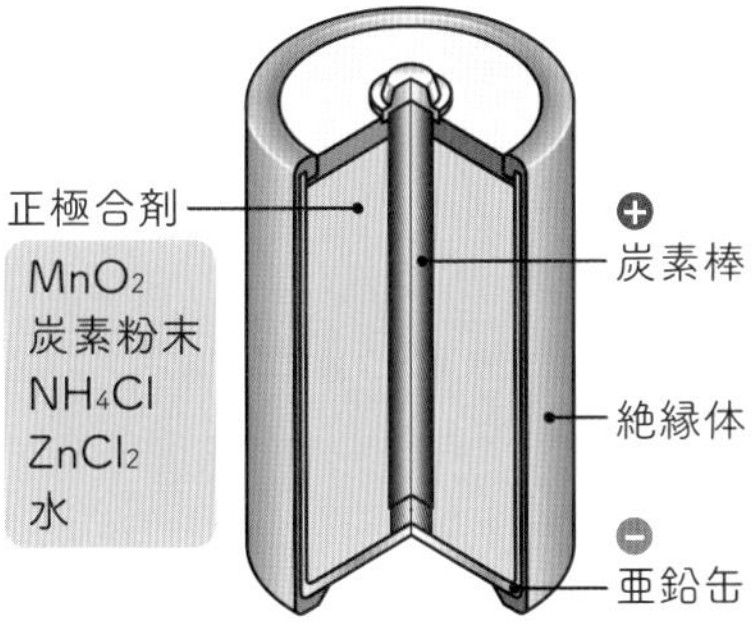

負極 $Zn + 4NH_4^+ \rightarrow [Zn(NH_3)_4]^{2+} + 4H^+ + 2e^-$

正極 $MnO_2 + H^+ + e^- \rightarrow MnO(OH)$

しにくいほうの金属はマンガンMnです。ボルタの電池とちがい、液体(水)は金属の容器に閉じこめられていて、通常の使用環境では液体が出てこないように工夫されているため、「乾電池」と名づけられました。この電池の構造は、日本人技術者の屋井先蔵が1887年に発明したものです。

　電子は金属の原子どうしをつなぐ重要な「部品」でもあるので、電子を取りだされた亜鉛はひとつひとつの原子がバラバラになり、電子を失った状態で溶液中に散らばります。このような、電子を失いバラバラの状態になった原子が「イオン」です。イオンという言葉は、「行く」「移動する」という意味のギリシャ語からファラデーが命名しました。この反応が続くと、電池の負極(−極)の金属はどんどんボロボロに形がくずれていき、しだいに電子を取りだすことが難しくなって、ついには反応が止まります。これが「電池が切れる」という現象の正体です。

◆ファラデーによる銅めっき実験

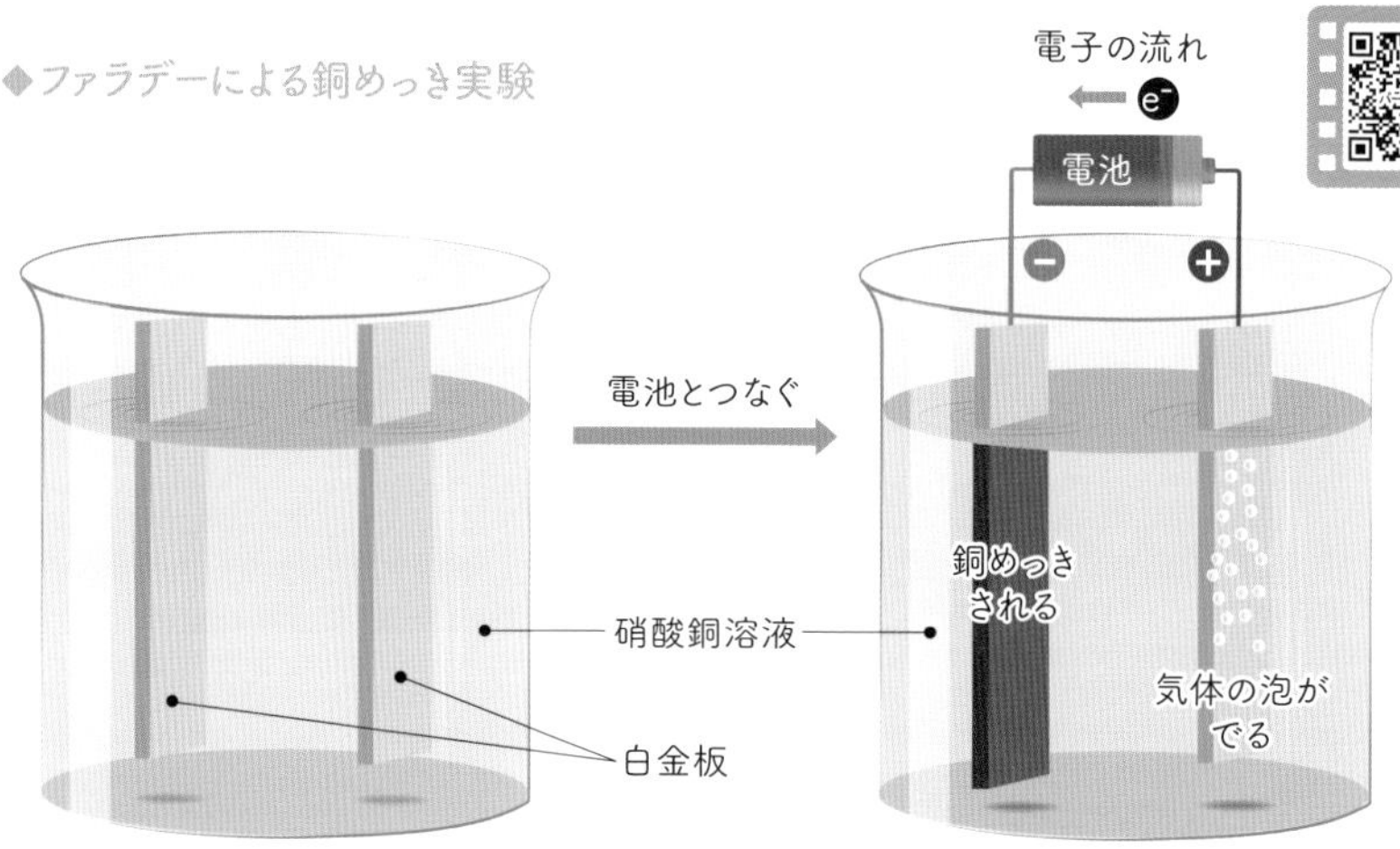

白金板を硫酸銅水溶液に入れる。

電池につなぐと、－極につながったほうがめっきされる。

さて、4日目に最初にファラデーが見せてくれた、銅を硝酸に溶かした実験を思いだしましょう。銅がしだいにボロボロになっていき、最後には跡形もなくなりました。実は、この実験でも電池のなかの負極（－極）の金属と同じように、銅が電子をうばわれてイオンになっています。ここで、**電子をうばわれてイオンになった銅に、もう一度電子を返してあげると、どうなるでしょうか？** ファラデーはそんな疑問にも答えています。銅を溶かした溶液に白金板を2枚入れ、それぞれ電池の＋極と－極をつないで電気を流すと、－極をつないだほうの白金板に金属の銅がふたたび出現します（図）。イオンになっていた銅が、電池から供給された電子を受け取って、原子どうしが電子でつながった金属の銅にもどっているんですね。ファラデーは、このような正確で詳細な実験の数かずから、電気化学の法則に関する研究をまとめあげていきました（パート2参照）。

ファラデーはこの原理を使って、講演のあい

◆水から水素を取りだす

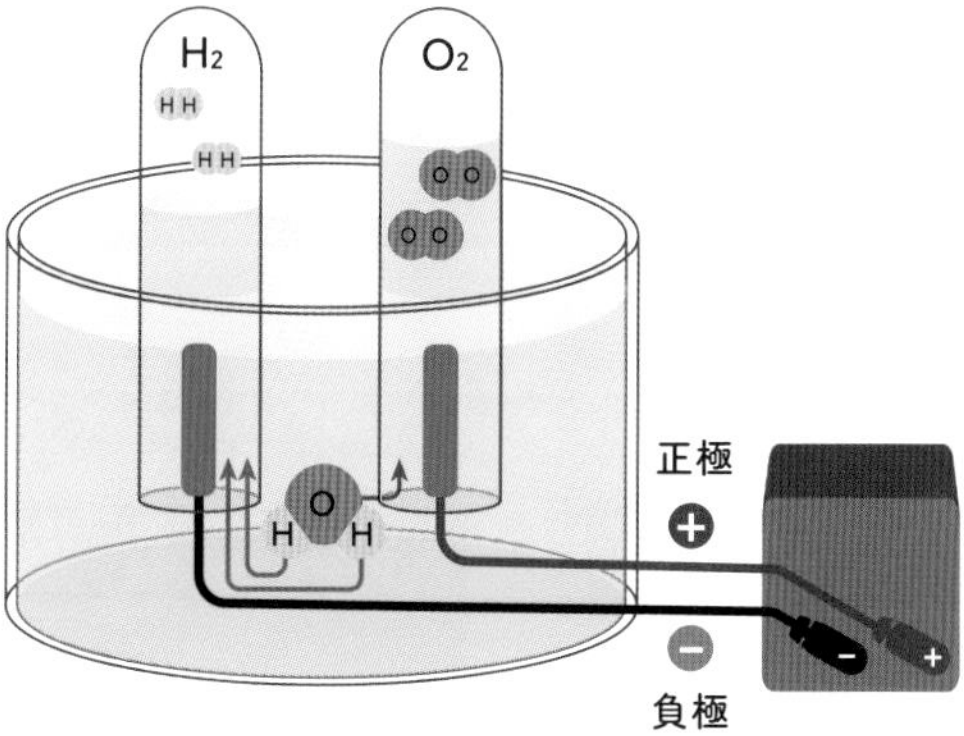

水に働く電池の作用で生じた気体は
２つの円筒に別べつに集められる。

◆ファラデーの「電報」

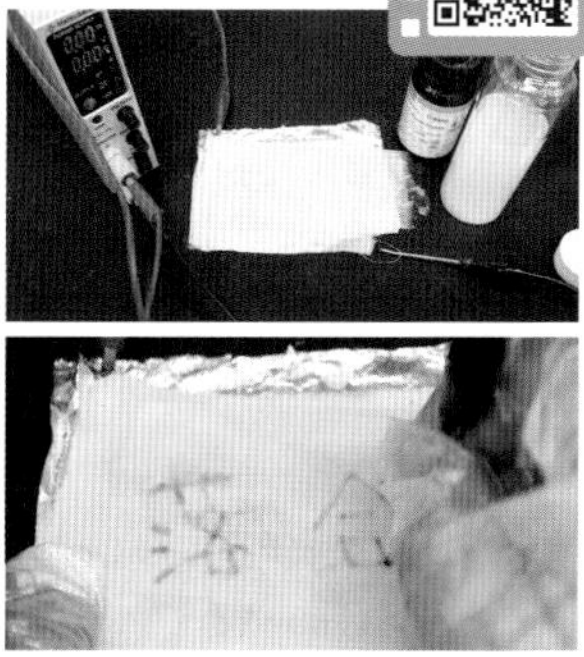

紙に金属イオンをふくむ溶液をしみこませ、電池につないだ金属棒を押し当てて動かすと文字が浮かびあがる。

$$2H_2O \rightarrow 2H_2 + O_2$$

水　　水素　　酸素

間に文字を書く遊びを見せてくれています。紙に、金属のイオンをふくむ溶液（酢酸鉛または硝酸銀の水溶液）をしみこませておき、電池につないだ金属棒をおしあてて動かすと、そのとおりに金属が出現します。ファラデーはこれを冗談まじりに「電報」と表現しています。たしかに、電気を使った情報の伝達という点では電報のようなものですが、むしろ現代のタッチパネルやスマートフォンなどの操作を連想しますね。ちなみにスマートフォンなどのタッチ操作は静電気を利用しており、指がふれたところに弱い電流が流れるため、画面上のどこにタッチしたか判別しています。

次にファラデーは電池の＋極と－極につないだ金属板（電極）をそれぞれ水に入れ、電流を流す実験をします。すると、それぞれの電極から気体が出てきます（図）。この気体の発生量は電池の－極につないだ金属板（陰極）のほうが、電池の＋極につないだ金属板（陽極。このよび方もファラデーの造語）のちょうど2倍

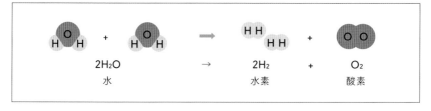

ロウソクの燃焼	ロウソクの成分に含まれる水素原子 ＋ 空気中の酸素 → 水
電池の作用	$2H_2O$ → $2H_2$ ＋ O_2 水　　　水素　　酸素

◆酸素を発生させて炎のようすを観察する

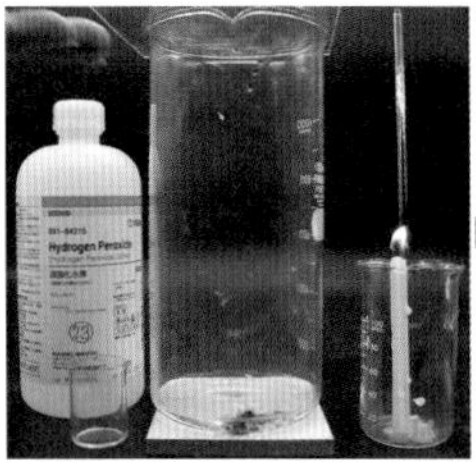

過酸化水素と二酸化マンガンを混ぜて酸素を発生させる。

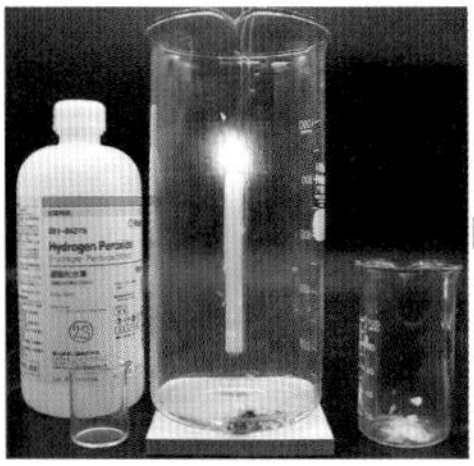

酸素の発生したビーカーに火のついたロウソクを入れると、炎は強く、明るくなる。

になっています。ファラデーは陰極に集めた気体に火をつけてみせ、それが水素であることを示します。水から水素が取りだせたわけですね。ここまでは、3日目の講演で見た「水から水素を取りだす実験」と方法は異なりますが、同じ結果です。問題は陽極に集めた、量が少ない気体が何かということです。

この陽極に集めた気体のなかに火をつけた木片を入れると、激しく燃えあがります。この気体が、ものを燃やす力をもつ「酸素」であることをファラデーは説明します。水から、水素だけでなく酸素も取りだすことができました。そして、これまでの講演で見てきたように、水にふくまれている水素と酸素はもともとロウソクの成分や空気中にあったものでした。まとめると、上のような式になります。

酸素には、ものを燃やす働きがあります。上の写真は過酸化水素と二酸化マンガンをまぜて酸素を発生させている容器のなかに、火のついたロウソクを入れているようすです。容器のな

◆燃料電池のしくみ

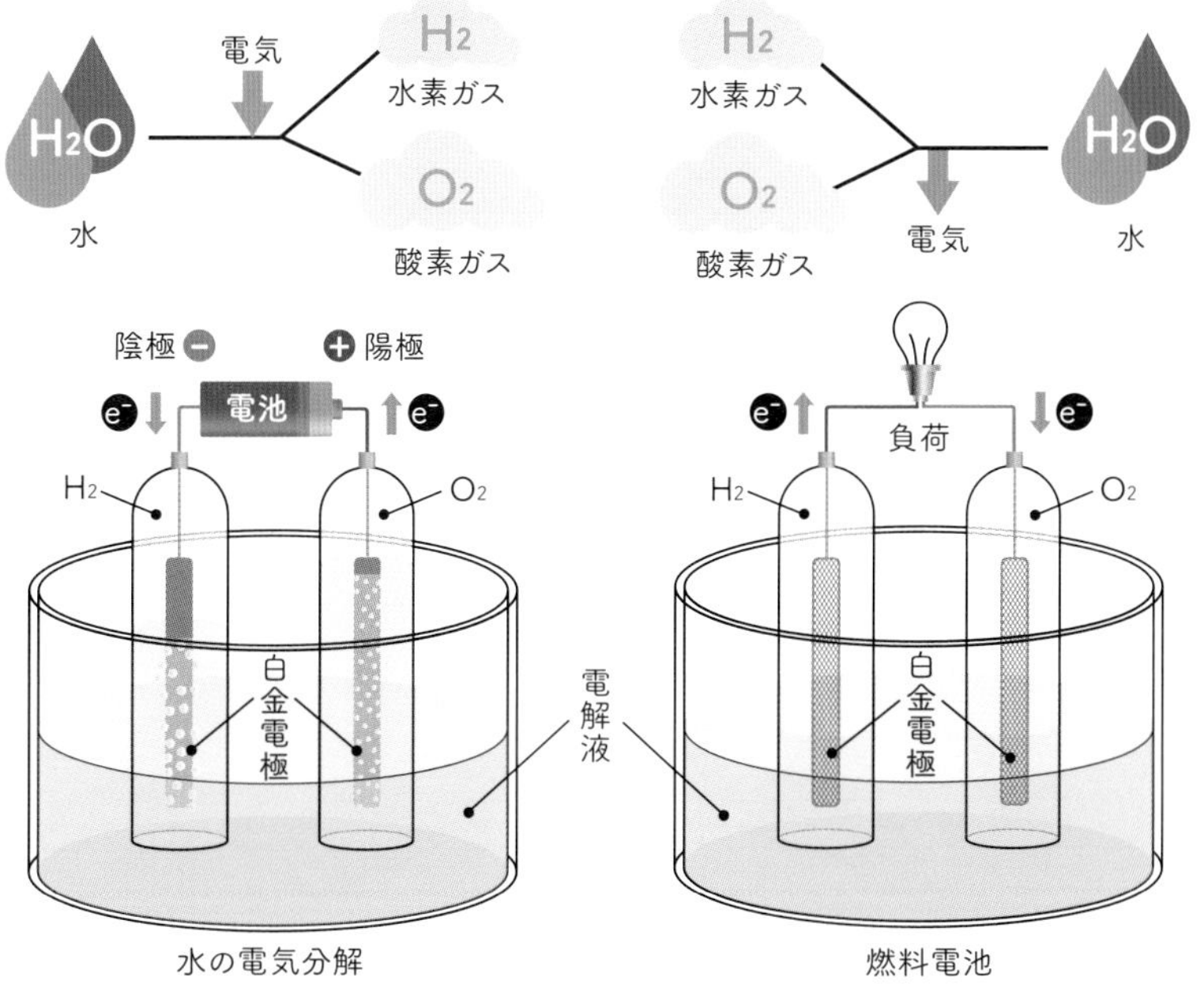

この構造では、長い時間にわたって効率よく電気をつくることができない。「ガス拡散電極」という構造にするなど、効率のよい燃料電池をつくる研究が続けられている。

かでは、酸素の働きでロウソクの炎が強く明るくなっていることがわかります。

ファラデーの講演では鉄線や硫黄もよく燃えることが示されたほか、カリウムが水にふれると燃える反応も解説されました。カリウムは酸素と結びつきやすいので、気体の状態の酸素だけでなく、水がもっている酸素原子をむりやりうばってでも燃えあがっていくことを説明しています。こうしてファラデーは、酸素が物質の燃焼を助けるとともに、その物質とむすびつき、別の物質に変化していくことを説明し、4日目の講演を終えています。

そして、4日目冒頭の問題4の答えは、選択肢の①です。胃酸による消化は、酸によってタンパク質を変性させ、酵素が分解しやすくする効果があり、酸素が直接かかわる反応ではありません。②の選択肢の燃料電池は、水の電気分解を逆にしたイメージで、水素と酸素の化学反応から電気を生みだす電池です。この原理はファラデーの師デーヴィーが考案しました。

オゾン層ってどこにあるの？

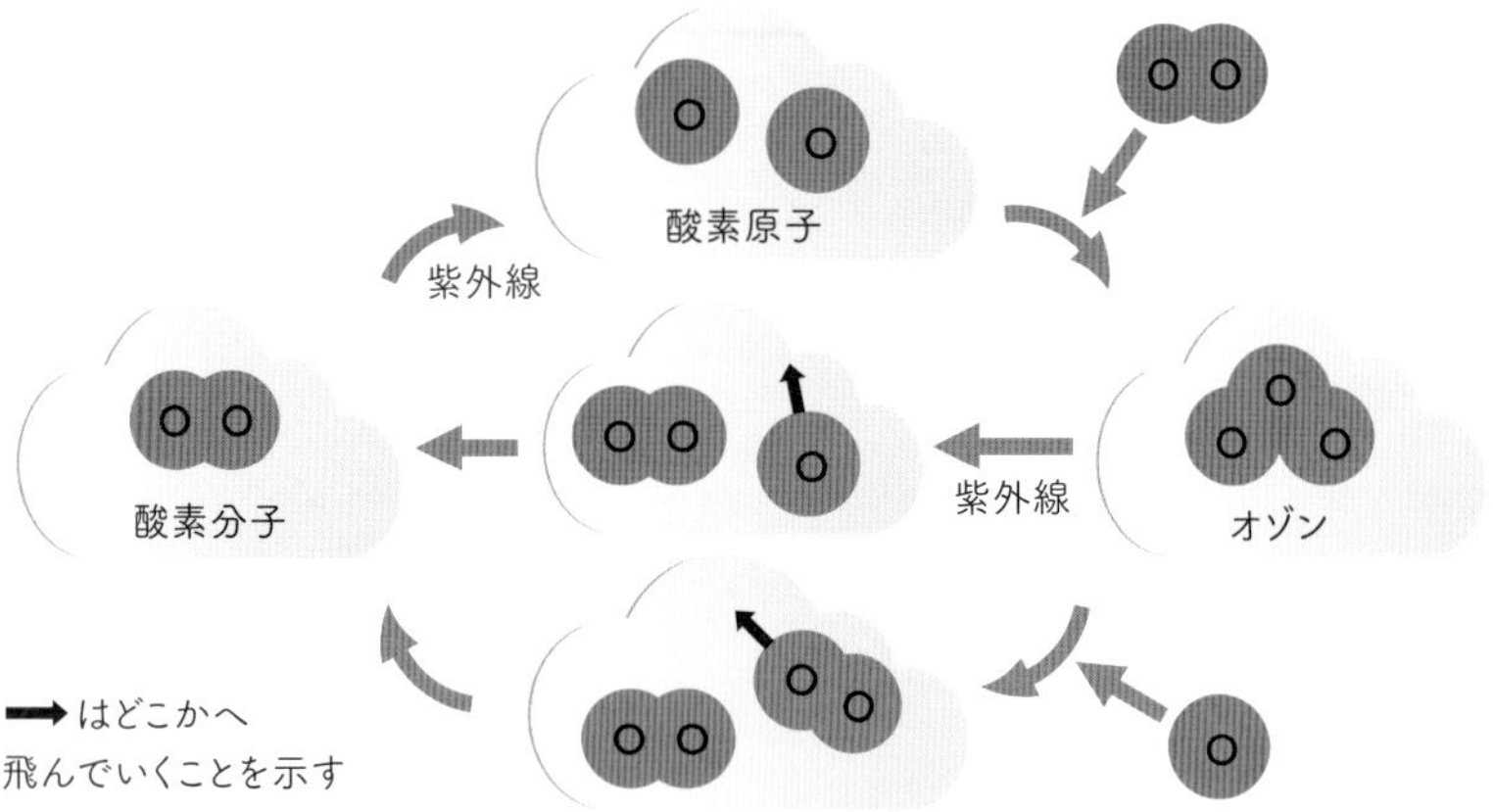

問題4の選択肢③「オゾン」は、酸素原子が3個結びついてできる物質です。太陽から届く紫外線が地球の大気圏に突入すると、酸素分子が紫外線を吸収して化学反応を起こし、オゾンが発生します。発生したオゾンも紫外線を吸収して、酸素分子にもどります。この化学反応が起こっている場所が「オゾン層」です。オゾン層で紫外線のエネルギーが消費されるため、私たちのいる地上には紫外線が非常に弱められて届くことになります。紫外線は人間が浴びると皮膚がんや白内障などを引き起こし、多くの生物にも有害なため、オゾン層はとても大切なものなのです。

実験③

茶色くなった十円硬貨から酸素をうばってきれいな十円硬貨にする

◆十円硬貨をきれいにする

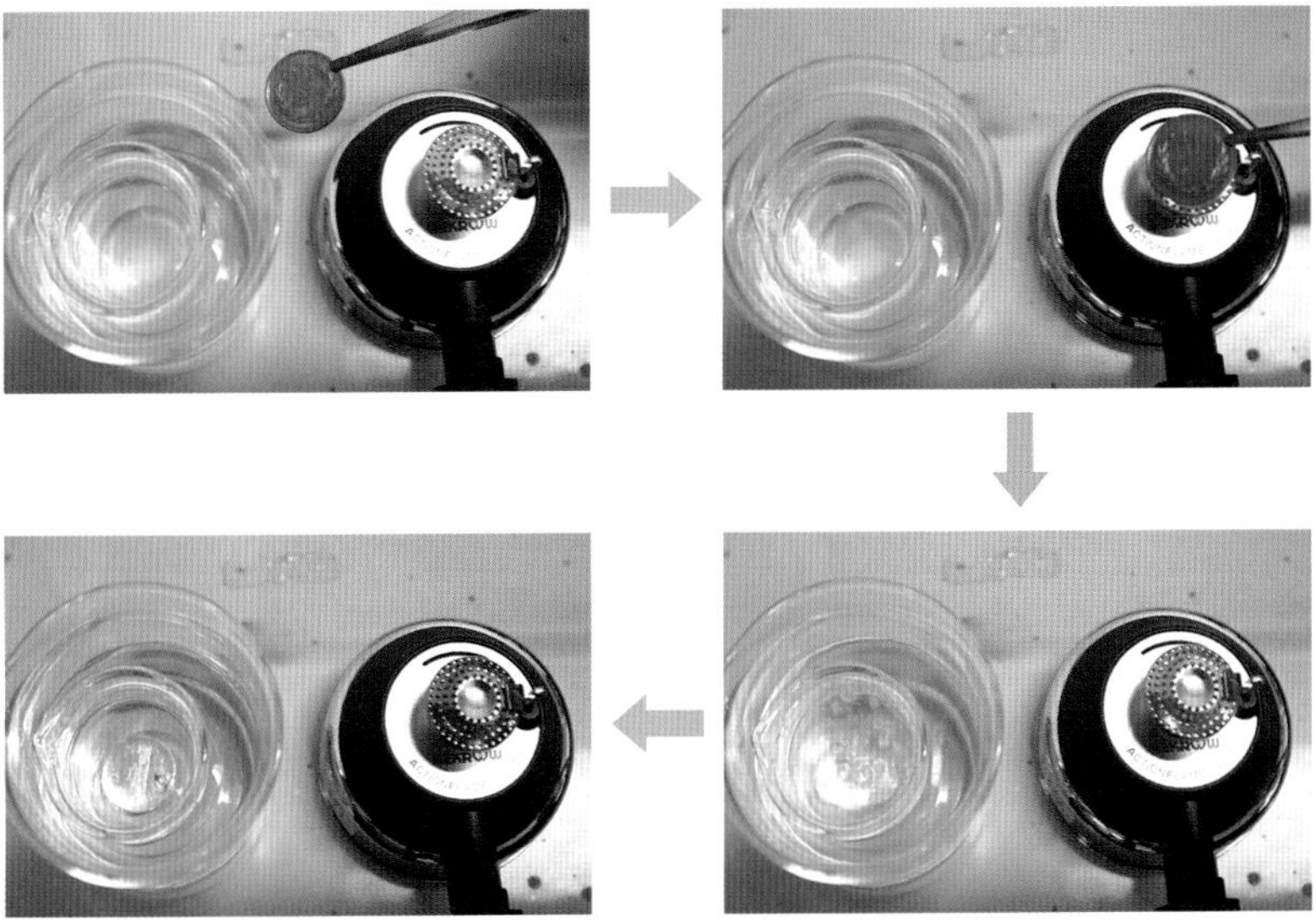

用意するもの：十円硬貨、バーナー（ガスコンロでもよい）、消毒用アルコール

十円硬貨が茶色くなるのは、銅が酸素と結びつくからです（$2Cu + O_2 \rightarrow 2CuO$）。別の物質に酸素をうばわせれば、きれいな十円硬貨にもどります。

十円硬貨をバーナーであぶり、消毒用アルコールにすばやく入れてみましょう（ここでもたもたすると、アルコールの蒸気が、加熱された十円硬貨の熱で発火して危険！）。アルコールの分子に含まれる炭素のほうが銅より酸素と結びつきやすいので、十円硬貨から酸素がうばわれ、きれいな銅の表面にもどります。

5日目

空気のなかには窒素もある

空気の性質とロウソクのほかの成分

問題5 1リットルのペットボトルに入っている空気の重さは、どれくらい？

① 0グラム（重さがない）

② およそ4.5グラム〔十円硬貨（4.5グラム）と同じくらい〕

③ およそ1.2グラム〔一円硬貨（1.0グラム）より少し重いくらい〕

5日目の講演は、「どうして空気と酸素とで、ロウソクの燃えかたがちがうのか？」という疑問から始まります。ファラデーは「空気の性質に深くかかわる、とても大切なこと」と強調しています。というわけで、5日目は空気が主役です。

4日目の講演では、酸素にものを燃やす働きがあることを確かめました。5日目の講演では、ものを燃やさなくても、酸素の存在を確かめる方法を見せてくれます。この実験を再現しようとしましたが、はっきり変化がわかる結果になりませんでした（次ページの写真の色の違い、わかりますか？）。ファラデーが、ロウソクの明かりしかない当時の講演会場で、どのように実験したのか、いまとなってはなぞです。

ここでは、ファラデーの実験方法を参考に、次のように実験してみましょう。まず、2つのびんのなかに、銅と「うすい硝酸」をいれ、ガラス板でふたをします。4日目の実験と同じに見えますが、「二酸化窒素」よりも酸素がひとつ

◆一酸化窒素と酸素の反応

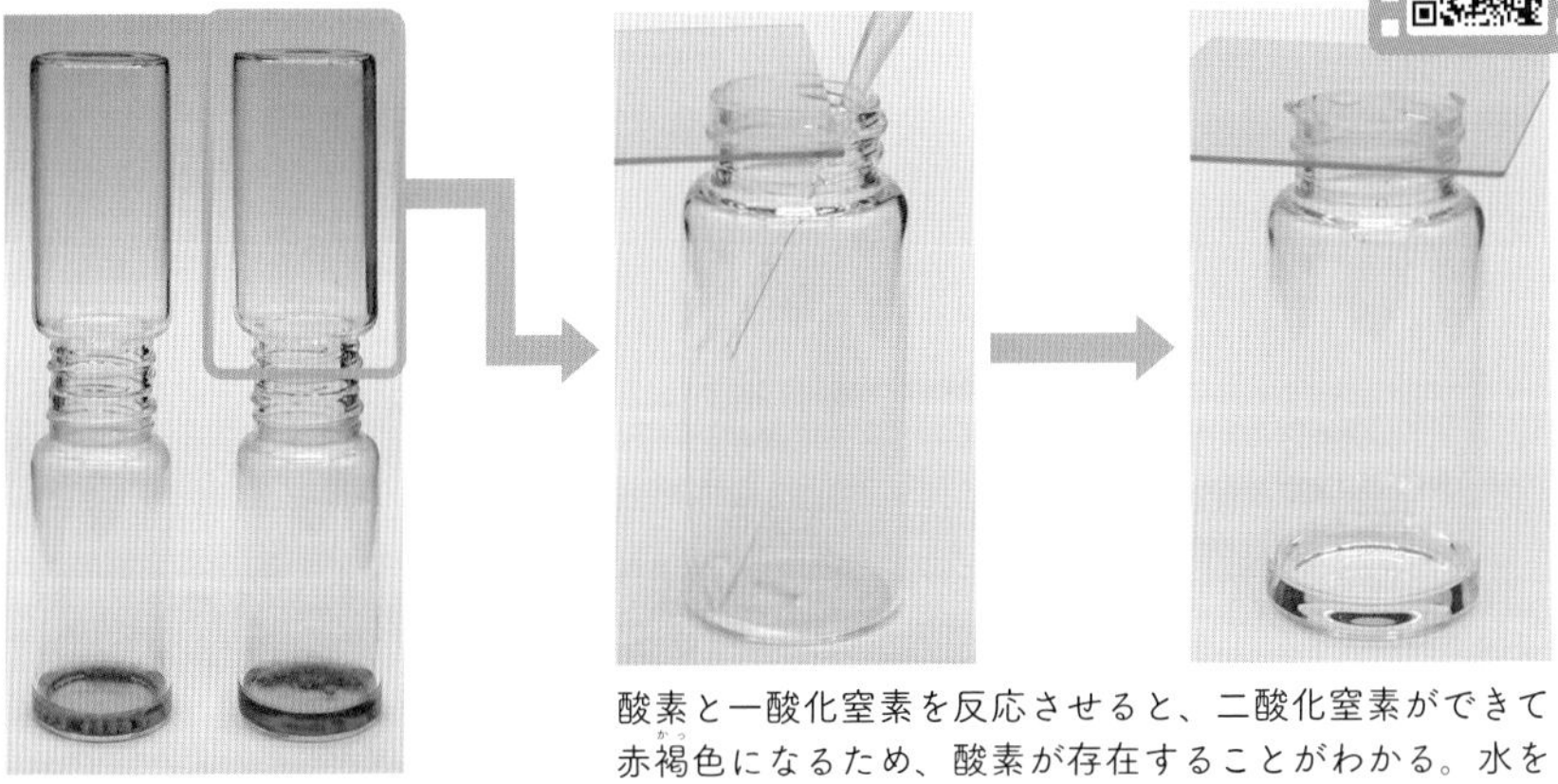

空気　酸素100%

酸素と一酸化窒素を反応させると、二酸化窒素ができて赤褐色になるため、酸素が存在することがわかる。水を加えて気体と混ぜると、無色に変わる。

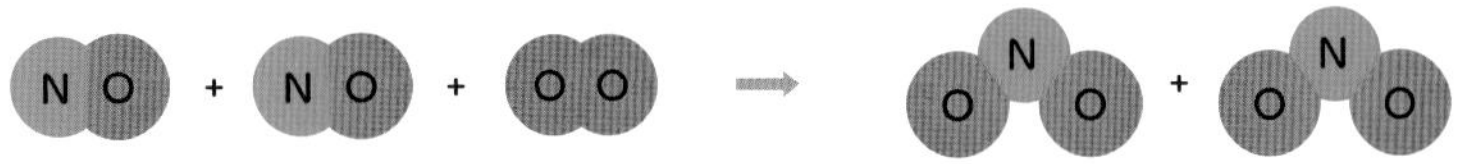

$2NO$ ＋ O_2 → $2NO_2$

一酸化窒素　酸素　二酸化窒素

少ない「一酸化窒素」が発生します。この一酸化窒素は無色ですが、酸素とふれると「二酸化窒素」に変わり、茶色になります。この性質を使って、酸素の存在を確かめるというわけです。次に、2つのびんの片方には空気の入ったびん、もう片方には酸素の入ったびんを、さかさまにぴったり重ねます。あいだにはさまったガラス板を外すと、どちらも茶色に変化しますが、空気のびんの方が、少しうすい茶色になっています。このことから、空気には酸素だけでなく、ほかの気体も混ざっていることがわかりました。**この気体は「窒素」です。**窒素は空気中にもっとも多く存在するにもかかわらず、こうして5日目の講演になるまで登場しませんでした。その理由は、ほとんど何も反応を起こさないからです。水素みたいに燃えないし、酸素みたいにロウソクを燃やしたりもしません。ファラデーは、窒素についてこう説明しています。

〝「窒素はつまらないものだ。いったいそんな

◆窒素循環

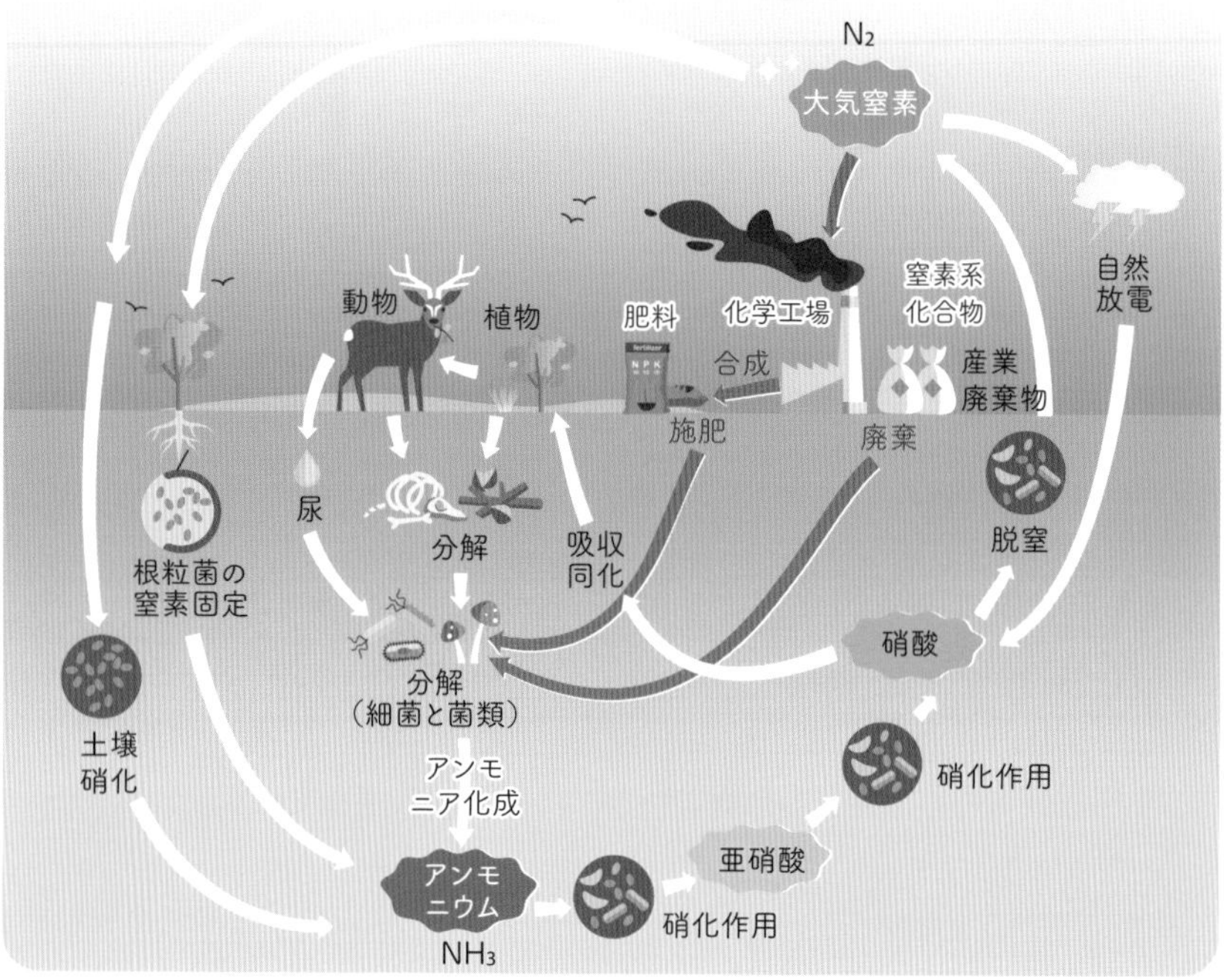

ものが空気中で何をしてるんだろう？」…みなさんはそう思うかもしれませんが、空気がすべて酸素だとしたら、炎は激しく燃えあがってしまいます。窒素は酸素の働きを弱めて、火を使いやすくしてくれています。同時に、ロウソクから出てくる煙を分散させ、必要な場所に運んでいってくれるんです。**たとえば、植物の命をはぐくむといった目的のために。**〃

ここでファラデーは、さりげなく「ロウソクの煙が植物の命をはぐくむ」といっています。この理由は6日目に説明されます。しかし実は窒素自体も、植物の命に、ひいては私たちの命に欠かせません。なぜなら、すべての生物がもっている遺伝子やタンパク質には、窒素原子が使われているからです。この窒素原子は、どこから来たのでしょうか？　実は大気中の窒素が、少しずつ形を変えて、まず植物の体内に取りこまれ、その植物を動物が食べることで、すべての生物にいきわたっているのです（図）。

さて、これで空気のほとんどの部分の正体が

◆空気の重さをはかる

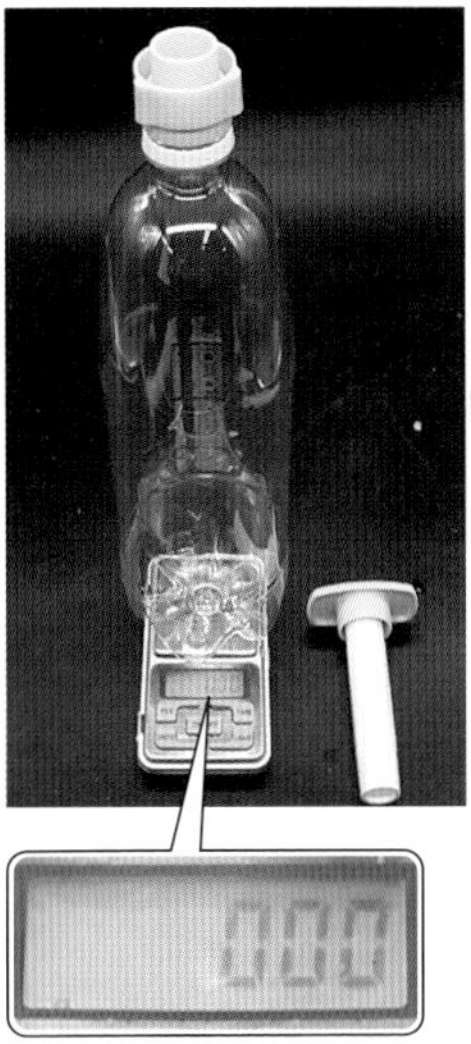

空のペットボトルをはかりにのせ、その重さを0にあわせる。

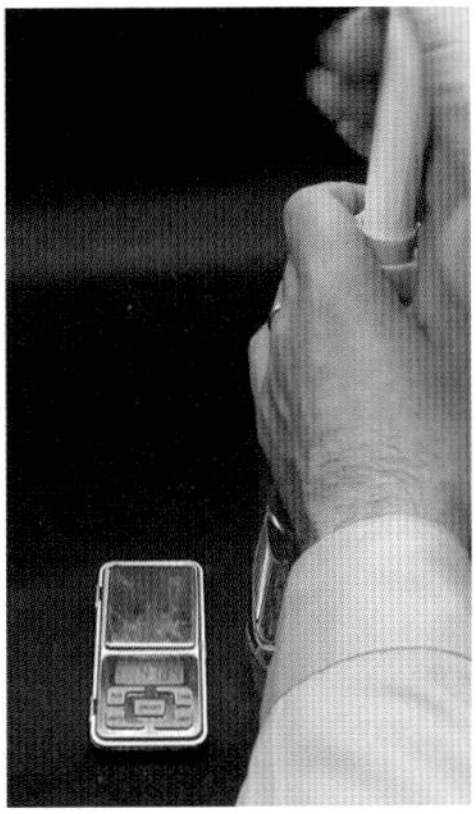

次に道具を使ってペットボトルに空気を押しこむ。何回押しこむと何リットルの空気を押しこむことになるのか、あらかじめ、風船などをふくらませて体積をはかり、計算しておく。

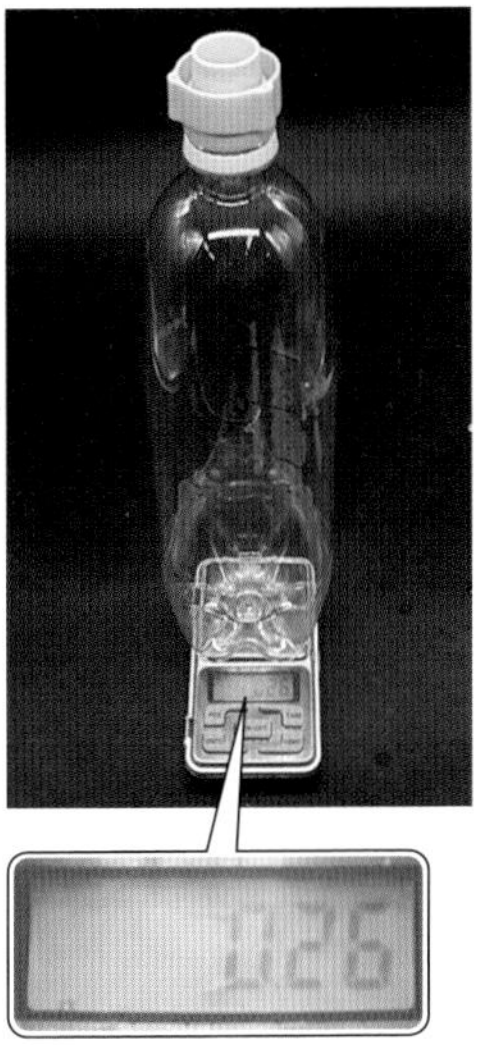

ポンプで0.22リットルの空気を押しこんだところ、0.26グラム増えた。

明らかになりました。約8割が窒素で、約2割が酸素です。ここで、問題5を考えてみましょう。この割合で窒素と酸素が混ざりあってできている空気、その重さはどれくらいでしょうか？

ファラデーは「空気の重さをはかる実験」を見せてくれています。銅でできた特別な容器に、空気をポンプでおしこみ、おしこんだ空気によって、容器の重さがどれだけ増えたかはかる実験です。この実験は、現代ならば上の写真のように簡単にできます。空になった炭酸飲料のペットボトルと、百円均一ショップなどで売られている、炭酸がぬけるのを防ぐ道具を使います。空気の重さは1リットルあたり約1.2グラムと計算できます。これは一円硬貨より少し重いくらいの重さですね。というわけで、冒頭の問題5の答えは③です。

いかがでしょうか。意外と重たいと思いませんか。空気の量がもっともっと多くなると、ものすごい重さになります。この空気の重さが、

◆空気の押し戻し実験

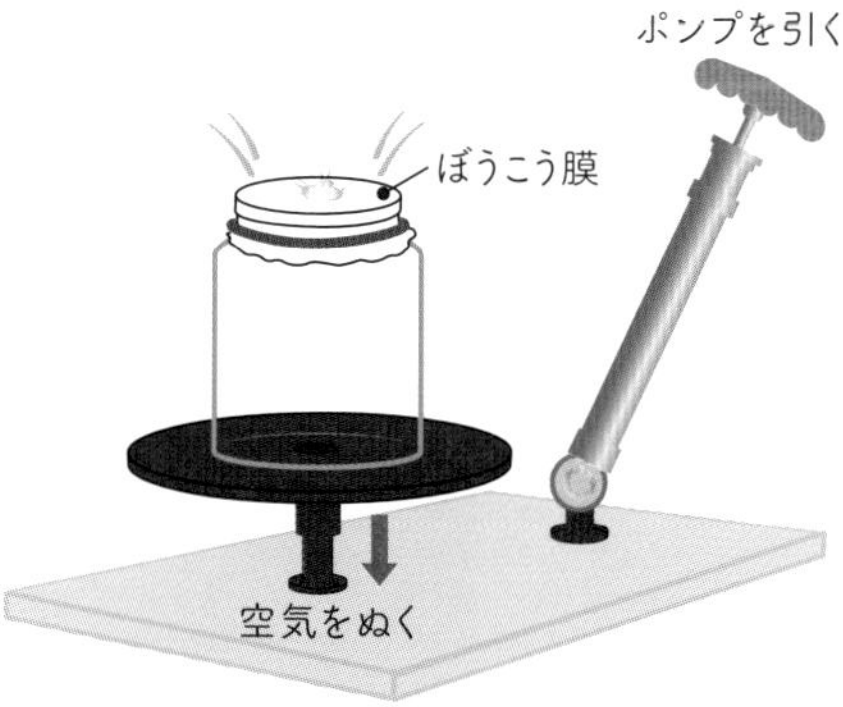

◆落ちないコップの水

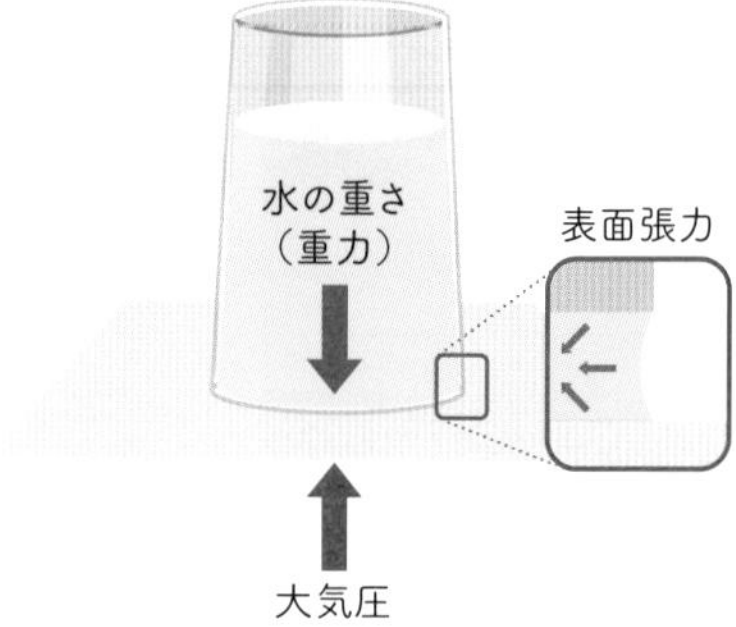

水の入ったコップにカードをのせる。ひっくり返しても、大気圧と表面張力があるので、水はこぼれず、カードも落ちない。

◆マグデブルクの半球

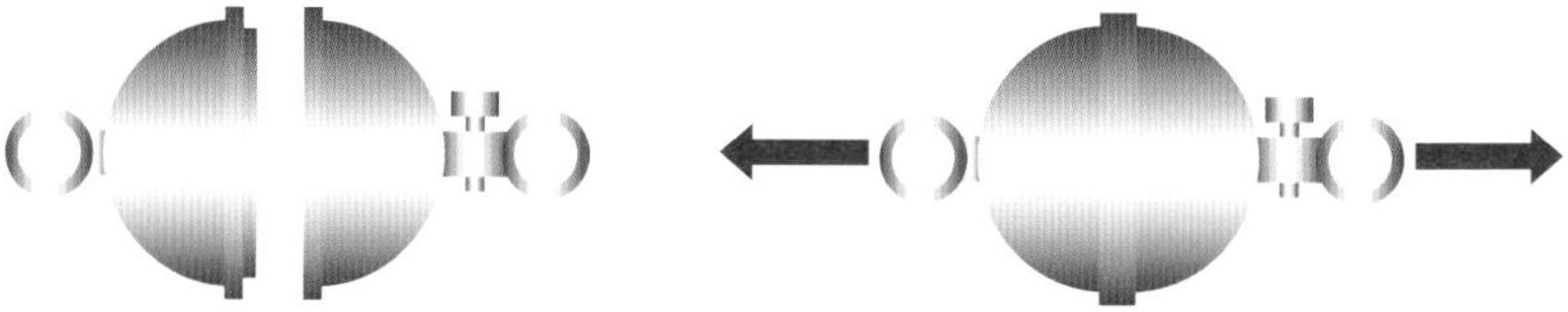

半球どうしをぴったりくっつけて、なかの空気を抜くと半球を引き離すことはできない。

どんな結果をもたらすか、わかりやすい実験でファラデーは教えてくれます。ポンプで空気をぬき、気圧でぼうこう膜（まく）を破る実験や、水の入ったコップにカードをかぶせてひっくり返しても「水が縁のまわりの毛管引力を利用して」水が落ちない実験など（図）。目には見えないけれど、しっかり重さをもった空気という物質が、私たちのまわりに確かに存在し、そのなかで私たちは生きているんですね。水中で生きている魚たちが、おそらく水の存在を意識していないように、空気のなかで生きている私たちは、ふだん空気のことを意識していません。ファラデーの講演は、そんなことにも気づかせてくれます。

ひとしきり空気の重さについて説明したあと、講演はまたロウソクの話題にもどります。ファラデーは「**これからとても大事な話が始まります**」と前置きをしたあと、上の図のような実験をします。まず火のついたロウソクに煙突（えんとつ）のような形の器具をかぶせます。器具の底には

◆石灰水を使った反応

ロウソクの燃えたあとの空気を集めびんに入れる
白くにごった！

石灰水はお菓子の乾燥剤などに使われている生石灰を水に溶かして、ろ紙でこしてつくる。

◆煙突からでてくる気体に火を近づけると、火は消える

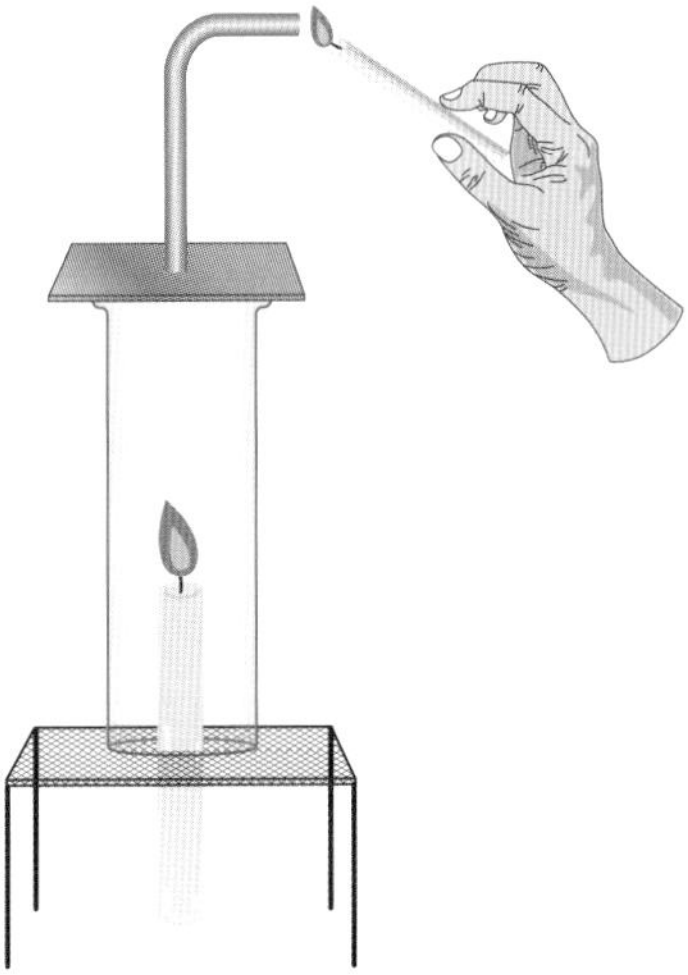

穴があいていて空気が出入りできるので、火は燃え続けます。まず、3日目に確認したとおり、水ができて器具の内側がくもるのがわかります。でもそれ以外に、煙突のてっぺんから出てきているものがあります。そこに小さなロウソクの火を近づけると、火は消えました。さきほど説明した、空気のなかにたくさんふくまれている「窒素」のせいでしょうか？　実は、ここにはもうひとつ、重要な成分がかくれています。

それを調べるためにファラデーは、ロウソクが燃えたあとの空気を集めたびんに「石灰水」を入れてみせます。すると、無色透明だった石灰水がミルクのようににごります（左図）。この変化は、ふつうの空気だけでは起こりません。酸素も窒素も、石灰水を変化させません。ロウソクが燃えてできた何かが、石灰水に変化を起こしています。実はその成分は形を変えて、私たちのまわりにたくさんあります。たとえばチョークや大理石、貝がらなど（114ページの図）。これらの物質に酸を加えると、ロウソク

◆チョークと貝がら、サンゴ

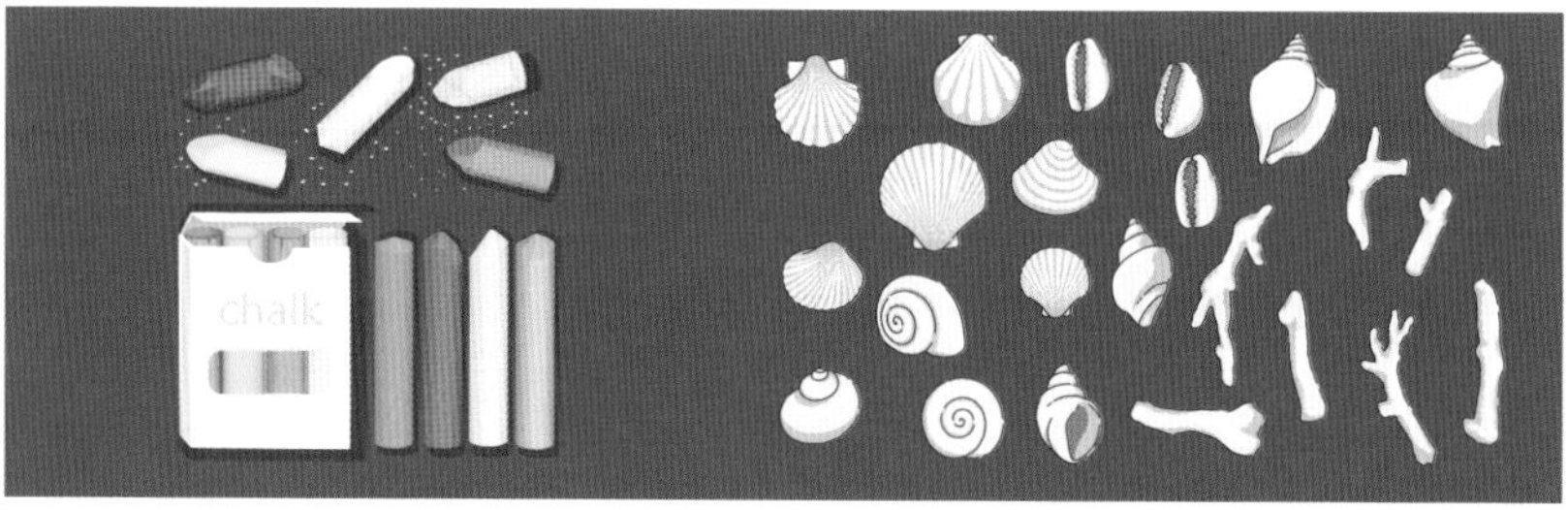

チョークは石灰岩が原料。石灰岩は古代の海にすんでいた生物の殻が堆積したもの。

貝がらやサンゴは海のなかで二酸化炭素を取りこんでいる。

◆二酸化炭素の性質を調べる

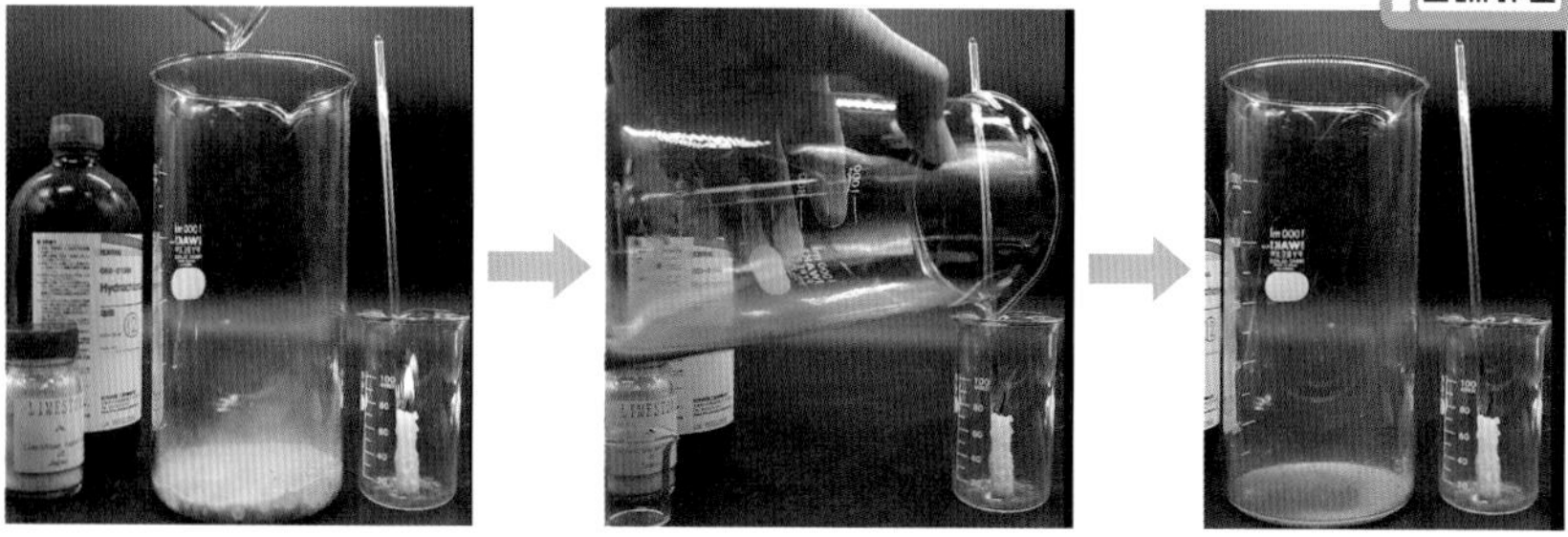

が燃えてできる成分と同じものが発生し、泡が たくさん出てきます。この泡を集めて石灰水を加えると、やはり石灰水が白くにごります。この物質は、二酸化炭素とよばれているものです。

では、この二酸化炭素の性質を調べてみましょう。まず、チョークの粉に塩酸を注ぎ、二酸化炭素をたくさん発生させます（下の写真）。あらかじめロウソクを入れて燃やしていた別の容器に、発生した二酸化炭素を注ぎこみます。すると、火は消えてしまいました。このことから、二酸化炭素は空気より重く、ロウソクの炎を消してしまう性質があるとわかりました。

ファラデーは、ロウソクを燃やすと二酸化炭素が発生することを、なぜ「**とても大事な話**」といったのでしょうか？　それは、少し前にファラデーがさりげなく話した「**ロウソクの煙が植物の命をはぐくむ**」という言葉と関係があります。そして講演はいよいよ最終日、6日目に続きます。

実験④

空気とその圧力、エネルギーとの関係

◆マシュマロが膨張する実験

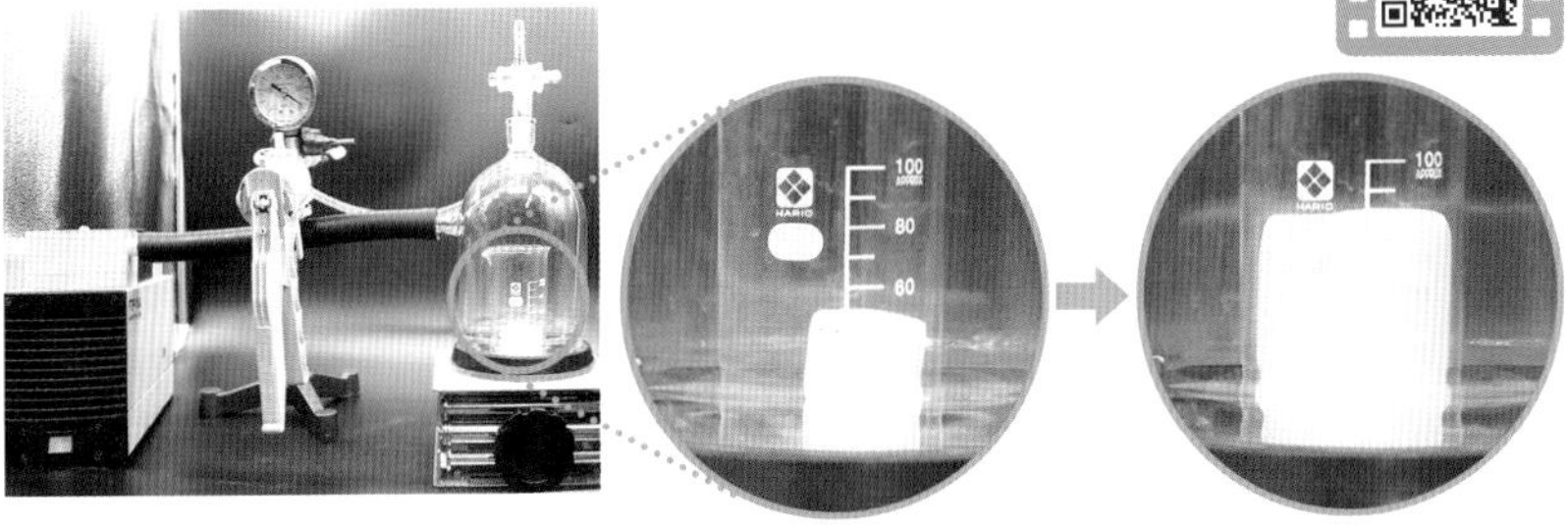

◆空気を急激に圧縮する実験

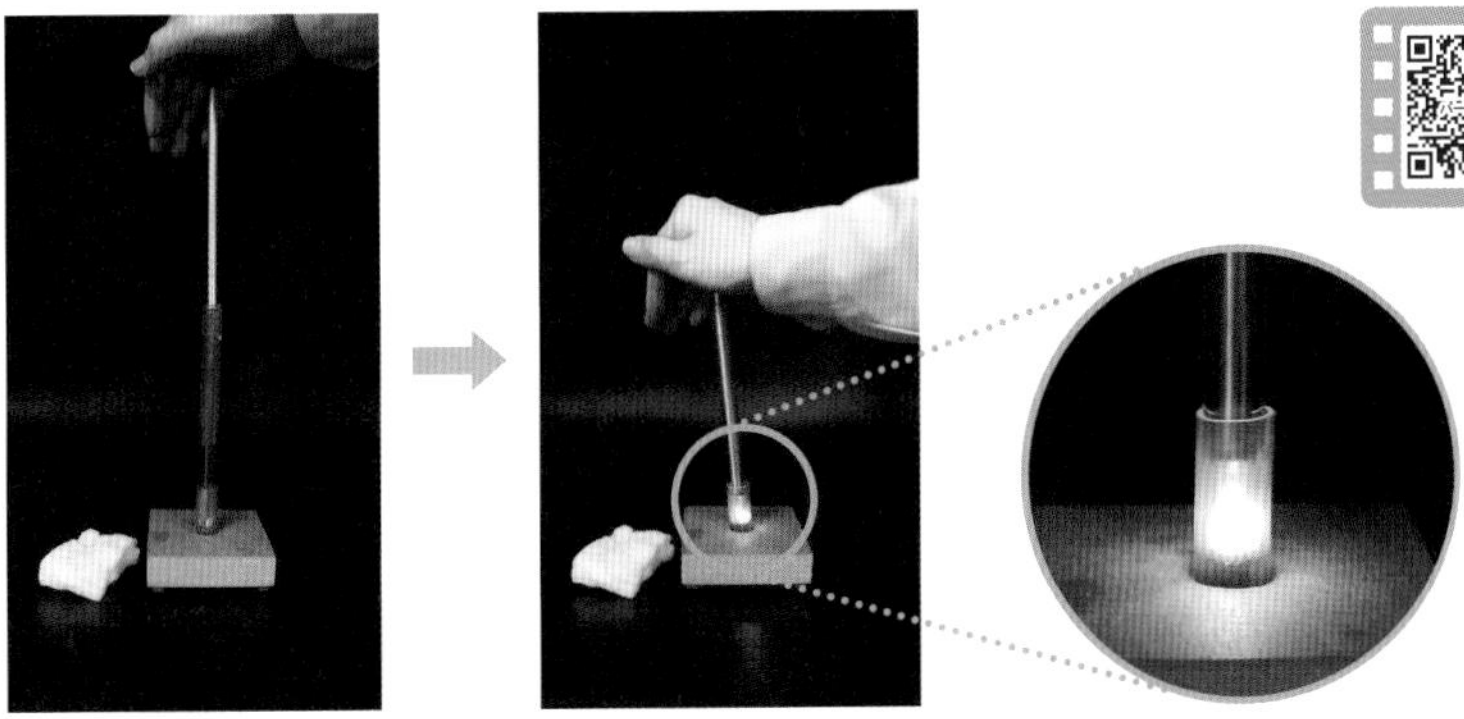

空気中では、膨大な数の窒素や酸素などがはげしく運動しています。密封容器にマシュマロを入れ、ポンプで空気をぬくと、マシュマロにぶつかる空気の数が減り、マシュマロはふくらみます。

逆に、空気を急激に圧縮すると窒素や酸素の運動がはげしくなり、温度が上昇します。この現象を利用した火起こしの方法が東南アジアに伝わっています。カール・フォン・リンデは、講演でこれを実演しました（1877年ごろ）。この講演をきいた人のなかにルドルフ・ディーゼルがいて、かれはのちにディーゼルエンジンを発明しました。

6日目

二酸化炭素が発生する

呼吸とロウソクの燃焼、そして光合成

問題6 次のうち、正しいものはどれ？

① 水のなかでも燃えるものがある

② 酸素のなかでも燃えないものがある

③ 二酸化炭素のなかでも燃えるものがある

最終日の講演で、ファラデーは日本の和ロウソクを紹介し、ヨーロッパのロウソクとのちがいを科学者の視点で説明しています。これらの説明だけでも、これまでの5日間の内容のよい復習になっています。この本で出題してきた問題も、これまでの復習をかねて、すこし難しい内容にしました。

選択肢の①は2日目と3日目で登場した「水」、②は4日目と5日目で登場した「酸素」、そして③は、5日目と6日目の「二酸化炭素」の性質に関する内容です。**選択肢①の「水のなかでも燃えるものがある」は、4日目の最後にファラデーが見せてくれた、カリウムを水に入れると燃えあがる実験を思いだせば、正しい選択肢だとわかります。**では、残りの②と③は、正しくない内容なのでしょうか？……6日目の講演を見ながら、考えていきましょう。

6日目の最初の実験は、カイメン（スポンジ）にあぶらをしみこませ、火をつける実験です

◆日本の和ロウソク

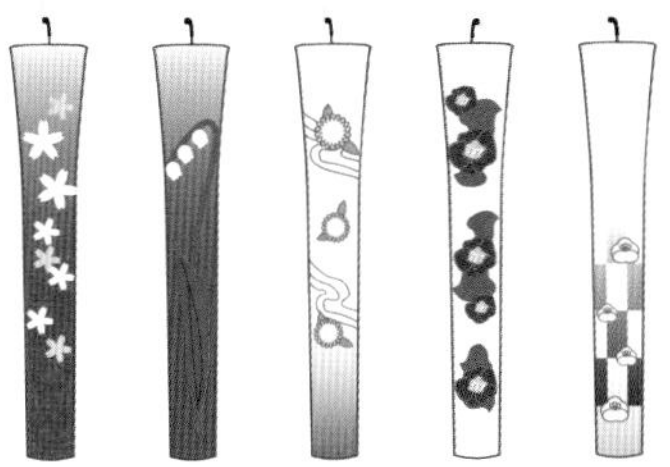

◆酸素が入ったびんに火のついたカイメンを入れる実験

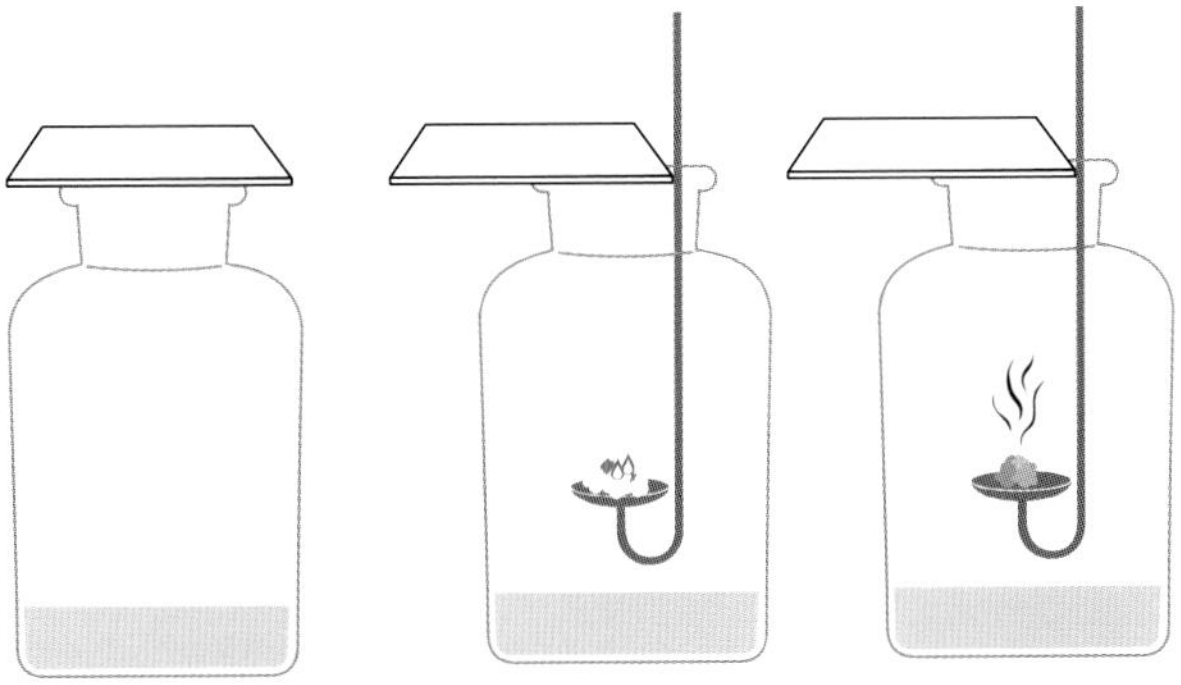
しばらくすると火が消えた。

（上の図）。黒い煙がたくさん出てきます。これを5日目にも登場した、酸素が入ったびんに入れてみます。すると、黒い煙は出なくなりました。この黒い煙の正体は、2日目にロウソクの炎の上部から取りだした「黒いもや」と同じ、炭素の小さなつぶです。この炭素は、もともとスポンジや油のなかにふくまれていたものです。燃やすと酸素と結びついて、二酸化炭素になります（次ページの化学式参照）。空気中で火をつけたときは、炭素の量に対して酸素の量が不足しているため、炭素が燃えずに黒い煙になっているんですね（不完全燃焼。次ページの右図）。一方、十分な酸素がある場合だと、炭素はすべて酸素と結びついて無色透明の二酸化炭素となり、黒い煙は出ません（完全燃焼。次ページの左図）。

また、このとき炭素と酸素の重さの合計が、できた二酸化炭素の重さと同じになること（質量保存の法則：パート3ラヴォアジェ参照）、酸素の体積は炭素と反応して二酸化炭素になっ

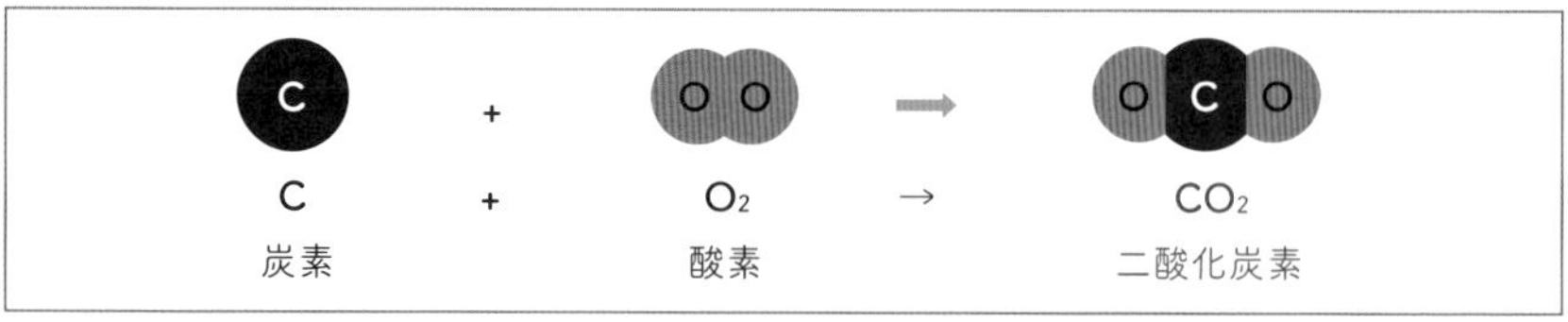

◆完全燃焼と不完全燃焼

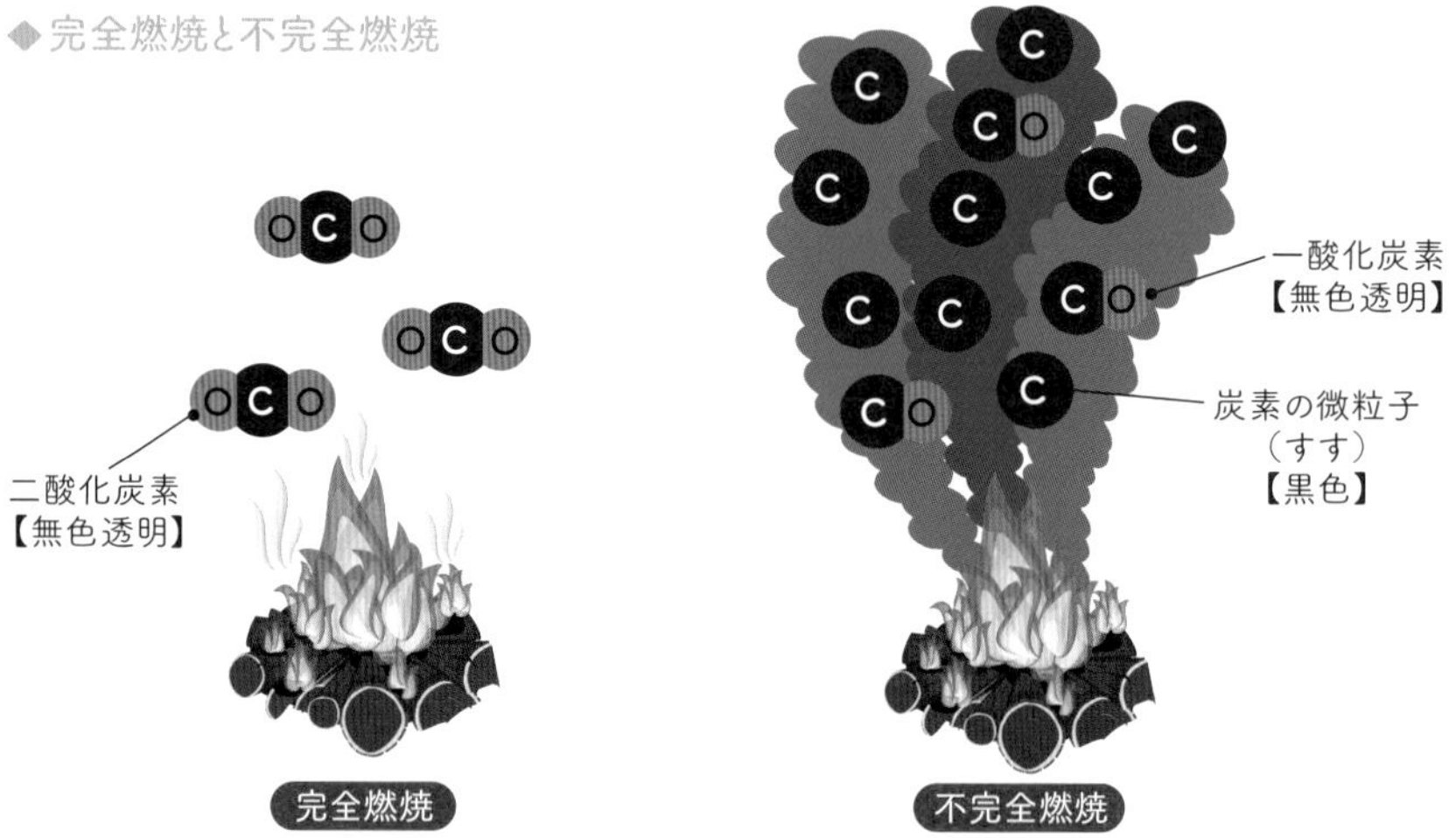

二酸化炭素が発生する
→無色透明

酸素と合体できなかった炭素が微粒子に、合体できたわずかな炭素が一酸化炭素として発生する。

ても変わらないこと（アボガドロの法則の変形：パート3アボガドロ参照）も説明しています。どちらも化学反応を考えるうえで、とても重要な法則ですが、ファラデーは**「こういったくわしい話で、みなさんを悩ませるつもりはありません」と、説明を切りあげてしまっています。ファラデーがこれらの重要な法則よりも伝えたかったことは、いったい何でしょうか？**

次にファラデーは、4日目に見せた「カリウムを水に入れると、水がもつ酸素原子をカリウムがうばい、燃えあがる」という実験をふまえ、二酸化炭素がもつ酸素原子もカリウムがうばい取れること、つまり二酸化炭素のなかでも、カリウムは燃えることを示しています。ここでは、カリウムの代わりにマグネシウムを使ってみましょう。マグネシウムはカリウムよりはおだやかに反応する物質ですが、火をつけるととても明るい光をだしながら燃えます。マグネシウムに火をつけてから、二酸化炭素の入ったびんに入れてみましょう。

◆二酸化炭素のなかでマグネシウムを燃やす

◆加熱中の鉄のけずりくず

◆鉄のけずりくずの色の変化

マグネシウムは二酸化炭素のなかでも明るい光をだしながら燃えました（写真）。たしかに、二酸化炭素のなかに酸素があることがわかります。したがって、**最初の問題の選択肢③「二酸化炭素のなかでも燃えるものがある」も正しい**ことになります。正しい選択肢はひとつだけではなかったのですね。

次にファラデーは、炭素を燃やした場合と鉄を燃やした場合（鉄も、細い糸状にして十分酸素とふれさせれば燃えます。ここでは鉄のけずりくずを使います）をくらべています。炭素は燃えると気体の二酸化炭素になって空気中に散らばっていき、完全に燃えたあとには何も残りませんが、鉄は酸素と結びつくと固体の「酸化鉄」という物質になって残ります（写真）。したがって、もしも炭素の燃焼で発生する二酸化炭素が気体ではなく固体だったら、ロウソクをはじめ炭素をふくむ燃料は、燃えたあとに固体の二酸化炭素が残ってしまい、とても使いづらいことでしょう。ファラデーは「二酸化炭素を

◆白金線を加熱しても燃えない

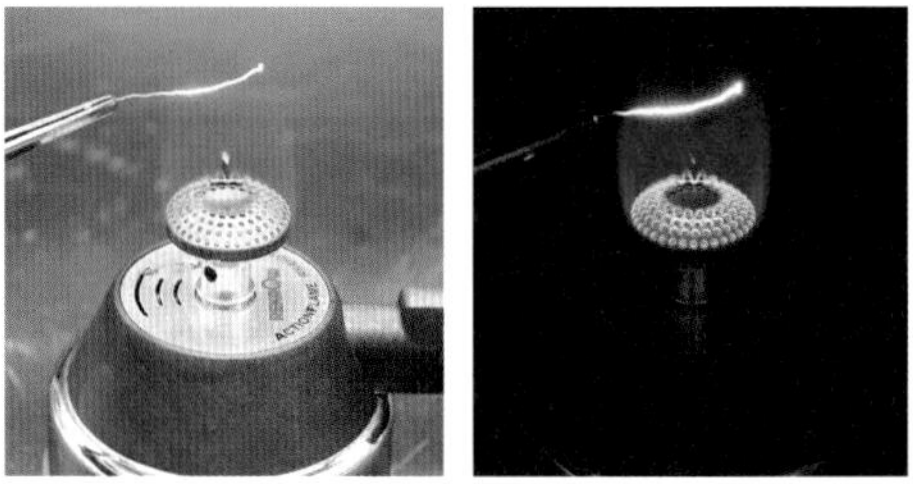

（左）白金線をバーナーで加熱しているところ。
（右）白金線をバーナーで加熱しているところ（暗くして撮影）。

◆はく息でロウソクの炎を消すファラデーの実験

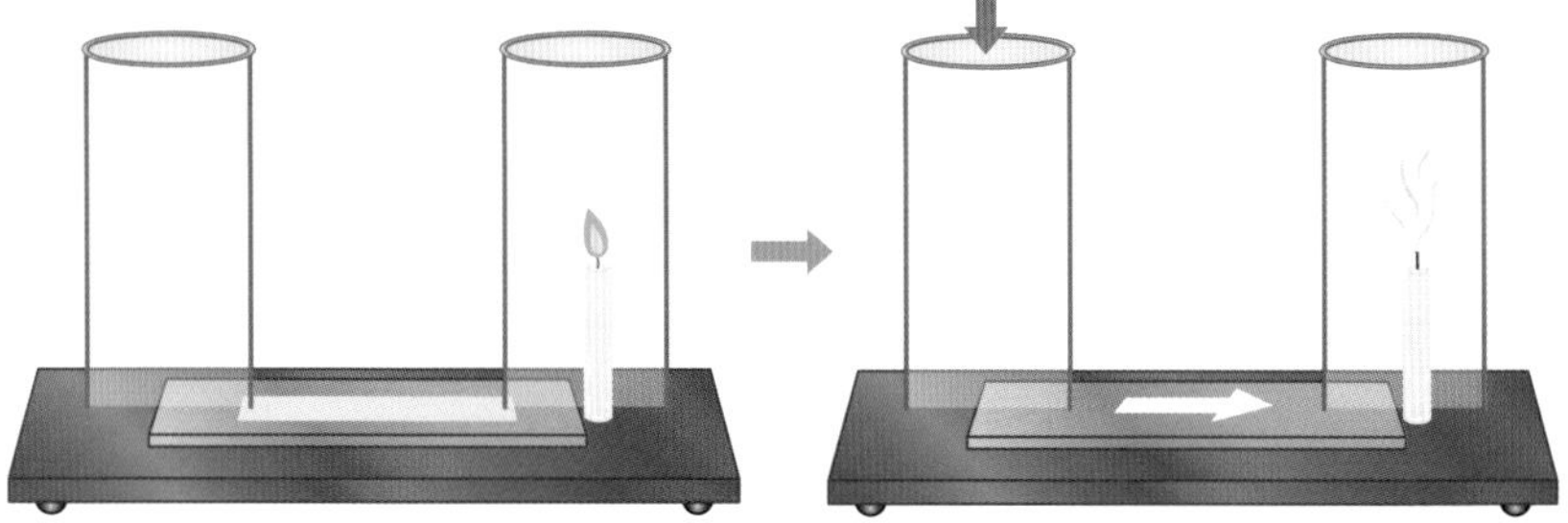

ガラスの筒の下には、わずかなすき間がある。

息が起こす風で吹き消すのではなく、息そのものの性質で、ロウソクの炎は消えている。

液体や固体にするのは、できないことはありませんが難しいのです」と説明しています。

ちなみに白金(プラチナ)や金などの貴金属は、同じように糸状に加工して火のなかに入れても、真っ赤になるだけで燃えません。酸素ととても反応しにくい性質があるからです。この性質のため、白金や金はいつまでもさびずに輝いており、宝飾品などに使われています。したがって、**問題6の選択肢②「酸素のなかでも燃えないものがある」も正しい**ことになります。選択肢は、3つともすべて正しい内容でした。

さて、答えもわかったところで、いよいよ**ファラデーが6日間の講演でもっとも伝えたかった内容が始まります。それは「ロウソクの燃焼と、ヒトの体内で起こっている、生命にかかわる燃焼との関係」**です。まずファラデーは、図のような簡単な装置を組み立て、はく息でロウソクが消えることを示します。

さらに、こんな実験もしています。呼吸を1回しただけでも、びんのなかの空気は、ファラ

◆はく息でロウソクの炎を消す

底がないびんを水の入ったバケツに入れ、火のついたロウソクを入れると、ロウソクは燃え続ける。

ロウソクを取りだしてふたをし、なかの空気を吸ってはく。水位が上下し、空気が動いていることがわかる。

そこへ再びロウソクを入れると、今度は火が消えてしまう。

◆はく息を石灰水と反応させる

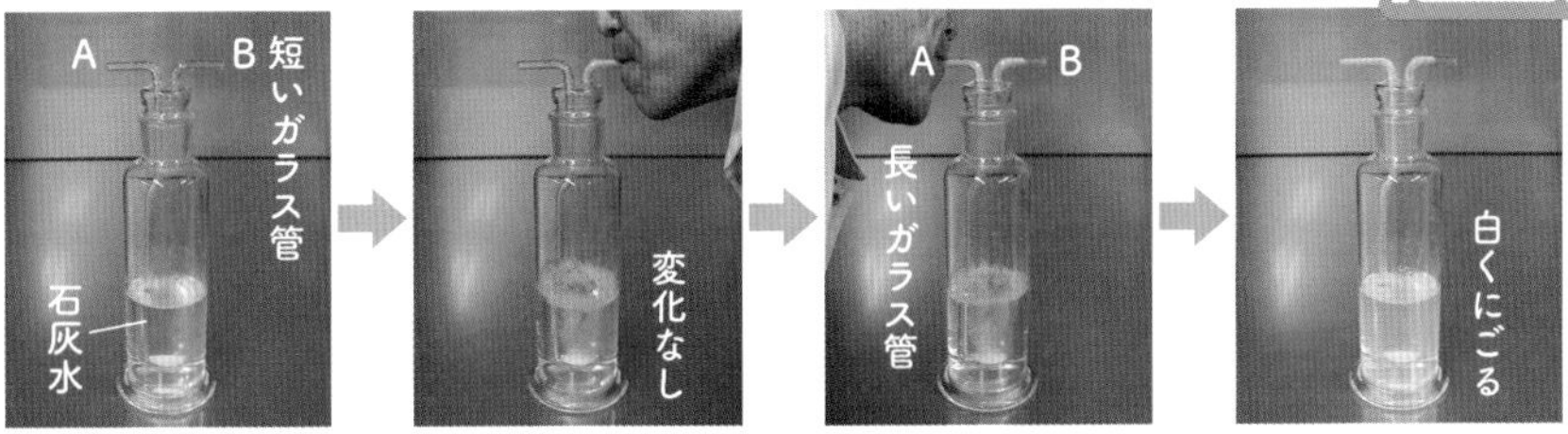

Bから息を吸いこむと、Aから空気が入り、石灰水を通ってBから口に入る。

今度はAに口をつけて息をはきだすと、石灰水は白くにごる。

デーの言葉を借りると「すっかりだめに」なってしまいます（写真）。続いてファラデーは、はいた息で石灰水に何が起こるかを、上の写真のような実験で確認しています。**これらの実験から、ヒトの肺は呼吸によって空気中の酸素を使い、代わりに二酸化炭素を生みだしていることがわかります。**では、ヒトの体内でいったい何が起こっているのでしょうか？

はいた息の成分をくわしく調べてみると、酸素は完全になくなるわけではなく、16％ほど残っています。空気中に21％ほどあった酸素が、5％ほど減る計算になります（次ページの図の左のグラフ参照）。一方、ロウソクが燃えたあとの空気をよく調べてみると、酸素が約17％残っていることがわかりました。なんと、**はいた息とロウソクが燃えたあとの空気中の酸素濃度は、ほぼ同じ**なのです。ファラデーが「**ロウソクの燃焼と、ヒトの体内で起こっている、生命にかかわる燃焼との関係**」を重要視し、この6日間の講演の最後に解説した理由

◆吸気と呼気の成分

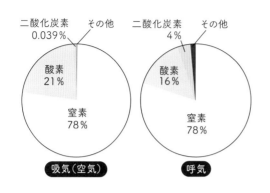

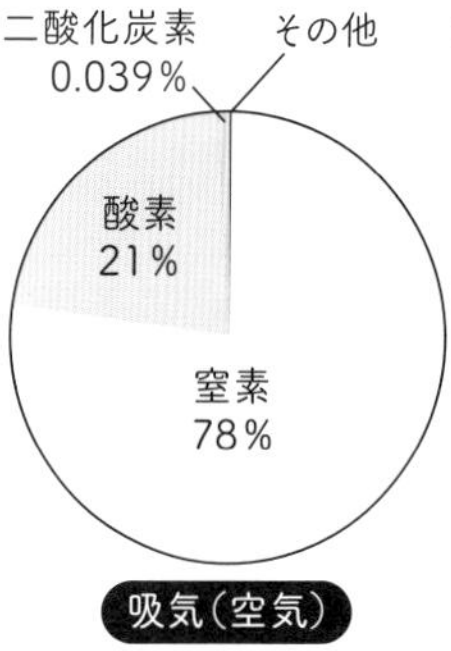

◆光合成

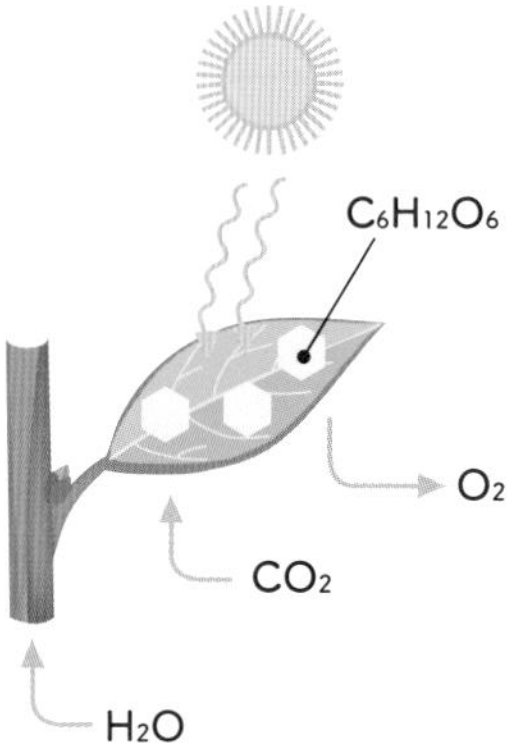

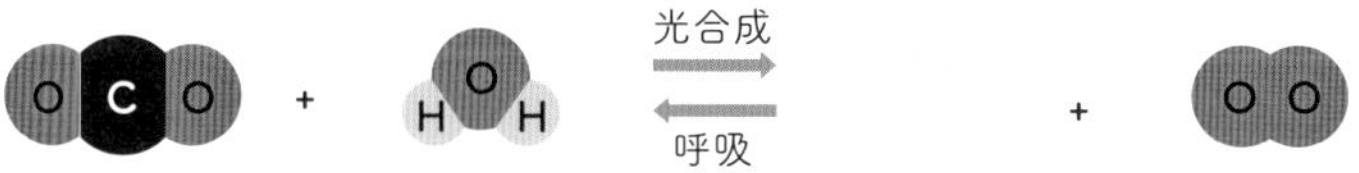

$6CO_2$	+	$6H_2O$	$\rightleftarrows$	$C_6H_{12}O_6$	+	$6O_2$
二酸化炭素		水		糖質（植物の体など）		酸素

が、よくわかりますね。ラヴォアジェ（パート3参照）も「呼吸はゆっくりとした燃焼である」といっています。

そして、ファラデーが5日目に「ロウソクの煙が植物の命をはぐくむ」といったのは、ロウソクの煙のなかの二酸化炭素が、植物にとっては大切な栄養になるという意味でした。植物の光合成反応は、反応式の矢印を右向きに進める反応です。つまり二酸化炭素と水から、光のエネルギーを使って糖質と酸素をつくる反応です。この糖質が植物自体の体や養分になります。わたしたち動物は、植物がつくってくれた糖質を食べ、酸素を吸ってそれを燃焼させ、エネルギーを生みだします。上の反応式でいうと、植物の光合成とちょうど反対の、左向きの矢印で表される反応です。つまり**地球上のすべての生物は、限られた材料をやりとりしながら、いっしょに生きているんですね。**

ファラデーは最後に、こんな言葉をきいている人たちに贈っています。

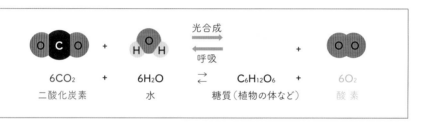

Michael Faraday

”
若いみなさんに伝えたいのは
「きたるべきみなさんの時代において、
ロウソクのようになってほしい」
という私の願いです。
すなわち、みなさんの行動すべてにおいて、
人類に対するみなさんの義務の遂行において、
みなさんの行動を正しく、
有益なものにすることによって、
ロウソクのように世界を照らしてください。
“

実験⑤

砂糖を燃やすとどうなる？

◆砂糖を燃やすとどうなる？

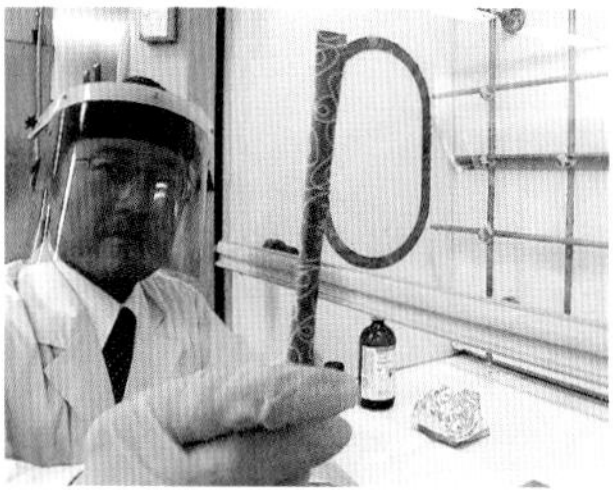

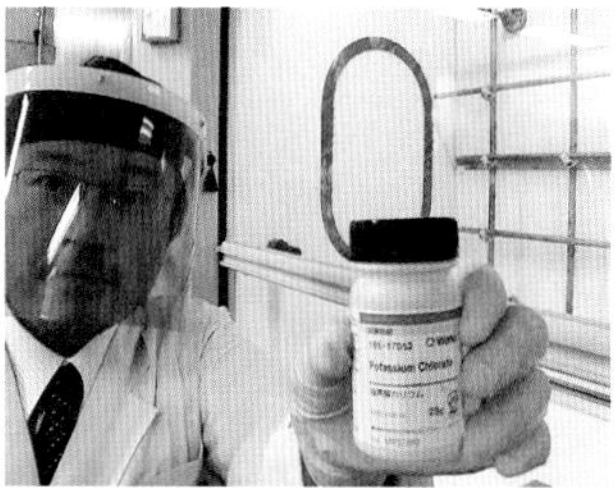

用意するもの：

- スティックシュガー1本分（3グラム）の砂糖
- 塩素酸カリウム（$KClO_3$、酸素を多くふくむ）
- 硫酸　適量

$C_{12}H_{22}O_{11}$	+	$8KClO_3$	→	$12CO_2$	+	$11H_2O$	+	$8KCl$
ショ糖（砂糖の主成分）		塩素酸カリウム		二酸化炭素		水		塩化カリウム

1グラムの砂糖が燃焼すると、17キロジュールのエネルギーが発生します。これはライフル弾（3.5グラム、初速900メートル毎秒）約12発分のエネルギーに相当します。体内では砂糖はゆっくり燃焼しますが、薬品を使って一気に燃焼させるとどうなるでしょう？

砂糖を塩素酸カリウムとよく混ぜ、硫酸を適量、少しずつ加えると（点火すると）、熱と光をだしながら炎をあげてはげしく燃えます。このときの化学反応式は上記のとおり。炎が紫（むらさき）色に見えるのは、カリウムの炎色（えんしょく）反応です。ファラデーの講演ではカリウムを燃やす実験がたくさん出てきますが、そのときの炎はこんな色だったはずです。

ファラデー年譜

西暦（年）	年齢	出来事
1791	誕生	ロンドン郊外のニューイントン・バッツに生まれる（9月22日）
1796	5歳	一家でロンドンに移住
1804	13歳	製本屋ジョルジュ・リボーのもとに雇われる
1805	14歳	年季奉公人になる
1809	18歳	ウエス街の家に移る
1810	21歳	父ジェームス死去 ジョン・テイタムの講義を聴講する
1812	21歳	王立研究所でハンフリー・デーヴィーの公開講座を聴く 年季奉公終了 ド・ラ・ロッシュの店に移る
1813	22歳	王立研究所でデーヴィーの助手に採用される デーヴィーのおともで大陸旅行に出発（10月13日～1815年4月23日） パリでアンドレ=マリ・アンペールに会う
1814	23歳	ミラノでアレッサンドロ・ボルタに、ジュネーブでジャン・デュマに会う
1815	24歳	大陸旅行を終え、ロンドンにもどる 王立研究所に復帰 助手兼実験装置・鉱物収集室管理者に就任 デーヴィーとともに炭鉱労働者用安全灯の研究
1816	25歳	最初の論文（生石灰の分析に関する研究）を発表
1819	28歳	鉄合金の研究
1820	29歳	炭素と塩素の新化合物の合成
1821	30歳	サラ・バーナードと結婚 電磁気回転の実験に成功
1823	32歳	塩素の液化に成功 デーヴィーとの確執が生じる

塩素を液化

西暦（年）	年齢	出来事	
1824	33歳	王立協会会員に選出される	
1825	34歳	王立協会の光学ガラス改良委員会メンバーに就任 ベンゼンとイソブチレンを発見 王立研究所の実験室主任に昇格 王立研究所で金曜講演を始める	ベンゼンを発見
1826	35歳	王立研究所で子ども向けのクリスマスレクチャーを始める	
1827	36歳	ロンドン大学教授への招へいを辞退 助手アンダーソンを雇う	
1829	38歳	デーヴィー死去	
1830	39歳	陸軍士官学校で化学の講義をおこなう	
1831	40歳	電磁誘導を発見 連結電流の発生装置、磁力線の概念を思いつく	電磁誘導を発見
1832	41歳	コプリ・メダル受賞	
1833	42歳	物質の半導体的性質の最初の発見 電気の同一性を確認、電気分解にかかわる用語を導入 電気作用が波動として伝わる現象を予測した文書を封印 王立研究所の新設された「フラー講座」の教授に就任	半導体現象を発見
1834	43歳	電気分解の法則を発見 （第一法則：1833年発表、第二法則：1834年発表）	電気分解の法則を発見
1835	44歳	年金辞退騒ぎを起こす 自己誘導の発見	
1836	45歳	ロンドン大学で講演 トリニティ・ハウスの科学顧問になる	
1837	46歳	静電誘導の実験に取り組む	
1838	47歳	真空放電におけるファラデー暗部を発見 母マーガレット死去	
1839	48歳	イングランド南部のブライトンで静養	
1841	50歳	スイスで静養	

西暦（年）	年齢	出来事	
1844	53歳	気体の液化に臨界温度が存在することを確認	
1845	54歳	光と磁場のファラデー効果を発見 反磁性を発見	ファラデー効果を発見
1846	55歳	兄ロバート死去	
1850	59歳	酸素の常磁性を発見 重力と電気の転換に関する実験を発表	酸素の常磁性を発見
1851	60歳	磁力線の発想、研究	
1853	62歳	心霊現象（テーブル・ターニング）を力学実験によって否定	
1855	64歳	テムズ川の汚染状況を「タイムズ」紙上で警告	
1858	67歳	王立協会会長の就任要請を断る ヴィクトリア女王よりハンプトン・コートの屋敷を下賜される	
1859	68歳	重力と電気の転換のくわしい再実験をおこなう 『化学と物理学の実験研究』を出版	
1860	69歳	クリスマスレクチャー『ロウソクの科学』	
1862	71歳	最後の金曜講演 最後の実験となる光のスペクトルにおよぼす磁場の効果を調べる	
1864	73歳	王立研究所会長の就任要請を断る	
1865	74歳	王立研究所を辞職	
1867	75歳	ハンプトン・コートで亡くなる 享年75歳（8月25日）	

Work. Finish it. Publish.

Michael Faraday

ファラデー自身の研究と関連したテーマでの金曜講演

日付（年月日）	講演の標題	出席者数
1832年1月27日	プラナリアの自己再生能力に関するジョンソン博士の意見について	不明
1832年2月17日	ボルタ電気および磁気電気誘導に関する最近の実験研究	不明
1832年3月2日	磁気電気誘導と、それに基づいた金属が動くときのアラーゴの磁気効果に対する説明	不明
1832年3月30日	地磁気の誘導作用による、自然および人工の電気の発生	不明
1833年2月1日	いろいろな仕方でつくった電気の同等性	不明
1833年3月1日	発光放電の速度とその本性の研究	不明
1834年3月7日	電気化学的分解	不明
1834年4月11日	電気の確かな作用	不明
1834年5月24日	電気伝導に関する新しい法則について	不明
1835年2月6日	電流の誘導	460
1836年2月19日	一般（いっぱん）特性としての金属の磁性	674
1837年3月17日	ふつうのボルタ電池の性能向上に対する硫酸銅（りゅうさんどう）の利用：ド・ラ・ルー氏の方法	675
1837年4月28日	鉄が化学親和力との関係で起電力に示す特異な性質	582
1838年1月19日	電気誘導	382
1838年6月8日	電気誘導と電気絶縁（ぜつえん）との関係	714
1839年1月18日	デンキウナギの挙動について	554
1839年3月22日	鉄の箱に入った船舶（せんぱく）用羅針儀（らしんぎ）のエイリー補正	656
1840年1月24日	電着について	472
1840年5月8日	ボルタの電池の電気の起源	675
1842年4月15日	稲妻（いなづま）中の電気伝導について	773

日付（年月日）	講演の標題	出席者数
1843年1月20日	電気誘導に関する二、三の現象	555
1844年1月19日	電気伝導と物質の本性に関する推論	732
1845年1月31日	通常は気体である物質の液化と固化	861
1846年1月23日	光の磁性	1003
1846年3月 6日	物質の磁性	1000
1846年4月 3日	ホイートストン氏の電磁時計	706
1848年4月14日	ほのおと気体の反磁性	909
1849年2月26日	物体の反磁性と磁気結晶状態（アルバート王子出席）	331
1850年2月 1日	大気の帯電	806
1851年1月24日	酸素と窒素の磁性と相互の関係について	813
1851年4月11日	大気の磁性	1028
1852年6月11日	磁力のつくる線について	895
1852年6月23日	磁力線について	670
1853年1月21日	磁力線についての考察	830
1854年1月20日	電磁誘導について——電流効果と静的効果の相乗作用	762
1854年6月 9日	磁性の仮説について	806
1855年1月19日	磁性の基本的考え方について	576
1854年5月25日	電気伝導について	562
1856年2月22日	ある種の磁気作用とその影響	903
1857年6月12日	金と光の関係	735
1858年2月12日	静電気誘導	796
1861年2月22日	白金について（ロウソクの化学史といっしょに製本出版）	883
1862年6月20日	ガス炉について	812

ファラデーが世話をした講演会（1834～1836年の分）

日付（年月日）	演者および講演の標題	出席者数
1834年4月25日	ジョン・デイビッドソン　エジプトのピラミッド	720
1834年5月2日	ディオニュシウス・ラードナー　バベッジの計算機械	708
1834年5月9日	ジョン・ドルトン　蒸気の原子説について	594
1835年2月13日	ジョン・ランドシアー　フェネチアから最近ジョゼフ・ボナミがもち帰り、現在プリュードー卿の所有になった歴史的彫刻（ちょうこく）のモニュメント	360
1835年4月10日	ディオニュシウス・ラードナー　ハレー彗星（すいせい）	820
1836年5月6日	ジョン・フレデリック・ダニエル　新型の定常的ボルタの電池	503
1836年5月27日	トーマス・ペティグルー　エジプトのミイラの開棺（かいかん）	810
1836年6月3日	リチャード・ビーミッシュ　テムズ川の現状と将来	426

用語解説

n型半導体　負電荷である自由電子が豊富に存在する半導体。電圧をかけるとプラス（＋）方向に自由電子が引き寄せられて電流が流れる。

固体物理　固体や固体の内部の物理的現象、またはその現象を説明するための学問。現在は、量子力学を応用した固体物質の研究が行われている。

重ガラス　ガラスの主成分であるケイ砂（SiO_2）やカリウムに酸化鉛（PbO）を加えたガラス。一般的なガラスと比べて透明度と屈折率が高い点が特徴。X線などの放射線をしゃ断する効果もある。

静電容量　コンデンサは電気をためたり、放出したりすることができる素子。静電容量とは、このコンデンサにたまっている電荷の量のこと。単位電圧あたりのたまっている電荷として表される。単位はF（ファラド）。

整流作用　回路に電圧をかけたときに、一方向にしか電流が流れない作用のこと。性質の異なる二種類の半導体を接合すると、順方向電圧では電流が流れ、逆方向では電流が流れなくなる。

電気素量(e)　電気量の最小単位。電子1個がもつ電気量で、$e = 1.602 \times 10^{-19}$C（クーロン）である。そのため、すべての電気量は電気素量の整数倍となる。

電気力線　電荷のあいだに働く引力や反発力（電気力）を理解するために、マイケル・ファラデーが考案した仮想の線。電気力線は正電荷から負電荷に向かって引く。

バンド理論　結晶などの固体中に存在する電子のふるまいを説明した理論。この理論があることで、導体、半導体（n型、p型）、絶縁体の電気的な性質を理解することができる。

p型半導体　n型半導体とは対照的に電子が欠損した状態の半導体。電子がぬけた穴（正孔）があるため、電圧をかけると正孔がマイナス（－）方向に引き寄せられて電流が流れる。

比電荷　電子や陽子などの電荷をもつ粒子の電気量(e)と質量(m)の比(e/m)。1897年にJ・J・トムソンが比電荷を発見したことで、電子の存在が明らかとなった。

誘導体　構造中の一部が変化してできた別の化合物を元の化合物の誘導体という。たとえば、クロロベンゼンはベンゼンのひとつの水素が塩素に置きかえた構造なので、ベンゼンの誘導体といえる。

溶融塩電解　固体を高温にしてとかし、電気分解すること。水溶液を用いた電解では析出しないナトリウムなどのアルカリ金属の精製に用いる。

量子力学　原子やそれを構成する電子の運動や状態を説明するために生まれた学問。マックス・プランクの黒体放射が始まりである。量子力学が誕生する以前のニュートンの運動法則などは古典力学という。

参考文献

1. マイケル・ファラデー、『電気学実験研究』、矢島祐利/稲沼瑞穂 訳、岩波書店(1941)。
2. マイケル・ファラデー、『ロウソクの科学』、矢島祐利 訳、岩波書店(1956)。
3. ハリー・スーチン、『ファラデーの生涯――電磁誘導の発見者』、小川昭一郎/田村保子 訳、東京図書(1976)。
4. K・R・マノロフ、『化学をつくった人々（上)』、早川光雄 訳、東京図書(1979)。
5. 小山慶太、『ファラデーが生きたイギリス』、日本評論社(1993)。
6. 小山慶太、『ファラデー――実験科学の時代』、講談社(1999)。
7. J・M・トーマス、『マイケル・ファラデー――天才科学者の軌跡』、千原秀昭/黒田玲子 訳、東京化学同人（1994）。
8. 井上勝也、『新ファラデー伝――19世紀科学は何を教えているか』、研成社(1995)。
9. 島尾永康、『ファラデー――王立研究所と孤独な科学者』、岩波書店(2000)。
10. 竹内 均、『化学の大発見物語――竹内均・知と感銘の世界』、ニュートンプレス(2002)。
11. 島尾永康、『人物化学史――パラケルススからポーリングまで』、朝倉書店(2002)。
12. 三田誠広、『天才科学者たちの奇跡 それは、小さな「気づき」から始まった』、PHP研究所(2005)。
13. マイケル・ファラデー、『ろうそく物語』、白井俊明 訳、法政大学出版局(2005)。
14. 米沢富美子、『人物で語る物理入門（上)』、岩波書店(2005)。
15. 米沢富美子、『人物で語る物理入門（下)』、岩波書店(2006)。
16. アーサー・グリーンバーグ、『痛快　化学史』、渡辺 正/久村紀子 訳、朝倉書店(2006)。
17. 板倉聖宣/松田 勤、『電子レンジと電磁波――ファラデーの発見物語』、仮説社(2006)。
18. 佐藤満彦、『科学好事家列伝――科学者たちの生きざま 過去と現在』、東京図書出版(2006)。
19. コリン・A・ラッセル、『マイケル・ファラデー――科学をすべての人に』、須田康子 訳、大月書店(2007)。
20. Michael Faraday、『Faraday's Diary of Experimental Investigation、Thomas』、Thomas Martin 編、Volume 1-7, Hr Direct(2007)。
21. 小山慶太、『物理学史』、裳華房(2008)。
22. マイケル・ファラデー、『ロウソクの科学』竹内敬人 訳、岩波書店(2010)。
23. 竹内敬人、『人物で語る化学入門』、岩波書店(2010)。
24. 三宅泰雄、『空気の発見』、KADOKAWA(2011)。
25. 藤嶋 昭 編著、『時代を変えた科学者の名言』、東京書籍(2011)。
26. 小山慶太、『科学史年表 増補版』、中央公論新社(2011)。
27. マイケル・ファラデー、『ロウソクの科学』、三石 巌 訳、KADOKAWA(2012)。
28. 廣田 襄、『現代化学史――原子・分子の科学の発展』、京都大学学術出版会(2013)。
29. ナンシー・フォーブス/ベイジム・メイナン、『物理学を変えた二人の男――ファラデー、マクスウェル、場の発見』、米沢富美子/米沢恵美 訳、岩波書店(2016)。
30. 後藤憲一、『ファラデーとマクスウェル』、清水書院(2016)。
31. ブライアン・バウアーズ、『ファラデーと電磁力』、坂口美佳子 訳、玉川大学出版部(2016)。
32. 化学史学会 編、『化学史事典』、化学同人(2017)。
33. マイケル・ファラデー 原作、『ロウソクの科学――世界一の先生が教える超おもしろい理科』、平野累次/冒険企画局 文、KADOKAWA(2017)。

34. 尾嶋好美 編訳、『「ロウソクの科学」が教えてくれること――炎の輝きから科学の真髄に迫る、名講演と実験を図説で』、白川英樹 監修、SBクリエイティブ(2018)。
35. 藤嶋 昭 監修、『世界の科学者まるわかり図鑑』、学研プラス(2018)。
36. 化学史学会 編、『化学史への招待』、オーム社(2019)。
37. 市岡元気 監修、『面白いほど科学的な物の見方が身につく 図解 ロウソクの科学』、宝島社(2019)。
38. 吉野 彰、『別冊NHK100分de名著 読書の学校 吉野彰 特別授業「ロウソクの科学」』、NHK出版(2020)。
39. 田中 幸/結城千代子、『人物でよみとく物理』、藤嶋 昭 監修、朝日新聞出版(2020)。
40. 藤嶋 昭/井上晴夫/鈴木孝宗/角田勝則、『人物でよみとく化学』、朝日新聞出版(2021)。
41. 坂田 薫、『坂田薫の化学講義［無機化学］』、文英堂(2021)。
42. マイケル・ファラデー 原著、『まんがで名作 ロウソクの科学』、長田 馨 著、KADOKAWA(2021)。
43. 福地孝宏、『実験でわかる 中学理科の化学 第2版: 新学習指導要領対応（実践ビジュアル教科書)』、誠文堂新光社(2023)。
44. 木原壯林、「実験の天才ファラデーの日誌」、*Review of Polarography*、**59**(2)、91(2013)。
45. 竹内敬人、「マイケル・ファラデー その知られざる横顔（第4回）化学者ファラデー」、化学、**68**（4)、60(2013)。
46. 金児紘征、「ファラデーの電気分解の法則――原論文を読み解く（前編)」、*Electrochemistry*、**83**(11)、1032(2015)。
47. 金児紘征、「ファラデーの電気分解の法則――原論文を読み解く（後編)」、*Electrochemistry*、**83**(12)、1119(2015)。
48. 金児紘征、「ファラデーの自己研鑽と研究態度」、*Review of Polarography*、**63**（2)、109(2017)。
49. 吉祥瑞枝、「キュリー夫人の理科教室・教育遺産――その現代的意義」、日本女性科学者の会学術誌、**22**、59(2022)。

●中谷宇吉郎 雪の科学館 ホームページ
https://yukinokagakukan.kagashi-ss.com/

●NHK for school「手づくり燃料電池で実験――中学」
https://www2.nhk.or.jp/school/watch/clip/?das_id=D0005401173_00000

●NHK国際共同制作「$E=mc^2$――アインシュタインと世界一美しい方程式」2007年2月8日（BShi）
https://www.nhk.or.jp/co-pro/recent/20070208.html

●NGKサイエンスサイト 公式チャンネル
https://site.ngk.co.jp

●国立研究開発法人物質・材料研究機構（NIMS）ムービーライブラリ
https://www.nims.go.jp/publicity/digital/movie/index.html

●くられ with 薬理凶室「これぞ飛行石!? ビスマスの反磁性を利用して磁石を浮かせてみた――ヘルドクターくられの1万円実験室」リケラボ 理系の理想のはたらき方を考える研究所
https://www.rikelab.jp/post/5468.html

動画リスト

PART 2

PART 4

【1日目】

【2日目】

【3日目】

【4日目】

【5日目】

【6日目】

ま

や・ら・わ

な

は

さくいん

著者紹介

藤嶋　昭（ふじしま　あきら）
1942年　東京都生まれ。東京大学大学院工学系研究科博士課程修了、工学博士。1967年に酸化チタンを使った「光触媒反応」を世界ではじめて発見し、化学界で「ホンダ・フジシマ効果」として知られる。1978年から東京大学工学部助教授、教授などを経て、2005年に東京大学特別栄誉教授。2010年から2018年3月まで東京理科大学学長。東京理科大学栄誉教授。

落合　剛（おちあい　つよし）
1979年　愛知県生まれ。名古屋工業大学大学院工学研究科博士後期課程修了、博士（工学）。地方独立行政法人 神奈川県立産業技術総合研究所 川崎技術支援部 材料解析グループ 主任研究員、光触媒工業会特別会員。光触媒などの機能材料の性能評価法や応用法に関する研究開発のほか、国家資格キャリアコンサルタントや、法政大学・上智大学の非常勤講師として、教育や人材育成にも従事。

濱田健吾（はまだ　けんご）
1991年　長崎県生まれ。九州工業大学大学院生命体工学研究科博士後期課程修了、博士（工学）。落合と同様、川崎技術支援部 研究員として、光触媒製品に関する技術支援、光触媒や促進酸化法を用いた環境浄化に関する研究開発に従事。そのほか、電気化学会関東支部 支部役員、デジタル技術の活用による研究開発業務の効率化に取り組む。

本書のご感想を
お寄せください

ファラデーのつくった世界！——ロウソクの科学が歴史を変えた

2024年4月1日　第1版　第1刷　発行

著　者　藤嶋　昭
落合　剛
濱田健吾
発行者　曽根良介
発行所　(株)化学同人

検印廃止

〒600-8074　京都市下京区仏光寺通柳馬場西入ル
編集部 TEL 075-352-3711　FAX 075-352-0371
営業部 TEL 075-352-3373　FAX 075-351-8301
振替　01010-7-5702
e-mail　webmaster@kagakudojin.co.jp
URL　https://www.kagakudojin.co.jp
印刷・製本　(株)シナノパブリッシングプレス
装幀　上野かおる
DTP　朝日メディアインターナショナル株式会社

ISBN 978-4-7598-2353-0